U0827798

虚拟仿真技术赋能电力行业

安全技能培训实践

广东电网有限责任公司培训与评价中心　编

中国电力出版社
CHINA ELECTRIC POWER PRESS

内 容 提 要

本书重点介绍广东电网有限责任公司培训与评价中心基于虚拟现实、增强现实、人机互动等数字化新兴技术，聚焦技能人员在生产中应具备的基本保命技能，在长期实践应用中总结的课程体系构建、资源开发模式、师资数字化赋能、数字化学习平台建设以及体系化应用推广等数字化培训创新模式，对于企业内部开展实施虚拟仿真培训具有借鉴意义和实用价值。本书共分六章，主要内容包括电网企业数字化培训概述、虚拟仿真培训体系设计、虚拟仿真培训体系开发、虚拟仿真培训推广应用、虚拟仿真培训品牌的建设与运营、企业未来数字化培训的思考与展望等。

本书可作为电力企业数字化虚拟仿真体系建设与发展的培训教材，也可作为各高校学生学习相关知识，以及其他培训领域的专业人员的参考书。

图书在版编目（CIP）数据

虚拟仿真技术赋能电力行业安全技能培训实践 / 广东电网有限责任公司培训与评价中心编. —北京：中国电力出版社，2023.4（2023.10 重印）

ISBN 978-7-5198-7554-1

Ⅰ.①虚…　Ⅱ.①广…　Ⅲ.①电力工业－安全生产－生产管理　Ⅳ.①TM08

中国国家版本馆 CIP 数据核字（2023）第 031099 号

出版发行：中国电力出版社
地　　址：北京市东城区北京站西街 19 号（邮政编码 100005）
网　　址：http://www.cepp.sgcc.com.cn
责任编辑：冯宁宁（010-63412537）
责任校对：黄　蓓　朱丽芳
装帧设计：赵珊珊
责任印制：吴　迪

印　　刷：北京锦鸿盛世印刷科技有限公司
版　　次：2023 年 4 月第一版
印　　次：2023 年 10月北京第二次印刷
开　　本：710 毫米 ×1000 毫米　16 开本
印　　张：9.5
字　　数：135 千字
定　　价：38.00 元

编委会

主　编　吴清华

副主编　杨险峰　马泽鑫　郭建龙

参　编　王　琪　熊　山　刘洪坡　周青云　夏　爽　陈启运

郝腾飞　薛　江　陈章宝　苏锐师　冯伟夏　曹高海

前言

以数字化技术为代表的“第四次工业革命”正在全面渗透经济社会各领域，创新变革生产方式和经营管理模式。国家在数字中国、数字经济、能源革命等方面开展了一系列重大决策部署，积极推进“数字产业化、产业数字化”，促进数字经济与实体经济的深度融合。

在创新产业竞争背景下，移动互联网、大数据、云计算、虚拟仿真以及人工智能等新兴数字化技术迎来了爆发式的发展浪潮，是升级数字化基础设备、推动数字化产业升级转型、完善数字化治理体系、强化数字化经济安全的重要抓手。虚拟仿真技术作为新兴数字化技术重要组成部分，被广泛地应用到教育、医疗、军事等社会各个领域，驱动企业数字化转型、精益运营、数字化管理。

“数字电网”是南方电网在研究与实践总结提炼的一个新概念，“数字电网”是应用数字化新兴技术改造传统电网的产业结构，使电网更加智能、安全、可靠、绿色、高效。

广东电网有限责任公司（简称广东电网）为响应“数字电网”的号召，以云计算、大数据、物联网、移动互联网、人工智能、虚拟仿真等新一代数字技术为核心驱动力，以数据为关键生产要素，深度融合企业业务与管理深度。运用虚拟仿真数字化技术聚焦技能人员保命技能培训，便是结合企业现状思考如何数字化赋能培训，创建智能型、安全型、集约型培训的深入应用实践。

本书重点介绍广东电网有限责任公司培训与评价中心（简称广东电网培评中心）基于虚拟现实、增强现实、人机互动等数字化新兴技术，聚焦技能人员在生产中应具备的基本保命技能，在长期实践应用中总结的课程体系构建、资源开发模式、师资数字化赋能、数字化学习平台建设以及体系化应用推广等数字化培训创新模式。本书主要介绍了以下六方面的内容：

（1）电网企业保命技能培训概述：介绍信息化、数据化以及智能化是数字化转型的三个阶段，逐步开启了一场数字化的创新变革。基于数字化转型的变革，电力企业培训也突破了传统培训的局限性，呈现多元化发展趋势。

（2）虚拟仿真培训体系设计：重点包括课程体系设计、师资体系设计以及平台设计，是驱动培训体系建设和应用的“三驾马车”。介绍通过五步法逐步建立适合企业特色的虚拟仿真培训体系、设计数字化师资培养体系需要重点聚焦的层面以及数字化学习平台的设计需应用到的创新技术和功能设计。

（3）虚拟仿真培训体系开发：完成体系框架设计，就需要开发相应模块体系内容，重点介绍如何开发虚拟仿真课程、如何识别和挖掘师资，以及数字化平台开发应用的场景。课程开发作为虚拟仿真培训体系建设的重点，列举课程脚本设计的实践案例。

（4）虚拟仿真培训推广应用：介绍虚拟仿真培训的具体实施流程和方法，读者将了解在虚拟仿真培训设施的各阶段应该重点聚焦哪些问题，如何基于业务的需求和技能人员胜任力开展实施推广。同时，列举实践案例，介绍如何打造一场实用的虚拟仿真培训。

（5）虚拟仿真培训品牌的建设与运营：介绍挖掘培训核心价值，认识培训品牌定位、宣传以及推广机制，逐步打造企业内部数字化培训品牌的流程方法。

（6）企业未来数字化培训的思考与展望：对于目前启动开展培训数字化转型或是在数字化转型过程中遭遇瓶颈的企业，结合企业发展战略及业务场景，提出了未来规划路径、应该重点聚焦哪些问题、如何建立机制保障以及自我评估关键发展方向，展望企业未来数字化培训的形态。

本书内容上力求做到易懂、易学、易用，体系、模型以及方法论都是经过多年应用实践沉淀总结，对于企业内部开展实施虚拟仿真培训具有借鉴意义和实用价值。企业培训管理者既能掌握前沿科技技术在培训侧的应用和创新思路，也能结合自身工作实际情况探索数字化转型，并在实战应用中提升数字化培训体系构建和实施能力。本书可作为企业（尤其是能源、电力类企业）数字化虚拟仿真体系建设与发展的学习材料，也可供其他培训领域的专业人员参考使用。

由于笔者的水平有限，难免有疏漏之处，敬请广大读者不吝批评指正。

编者

2022 年 11 月

目 录

CONTENS

前 言

第一章 电网企业数字化培训概述……………………… 001

第一节 数字化浪潮推动企业变革……………………… 002

一、数字化转型的三个阶段 ……………………… 002

二、数字化技术革新企业管理 …………………… 003

三、数字化改变劳动力结构 ……………………… 005

第二节 电网培训数字化转型契机……………………… 006

一、国家战略：数字化技术驱动培训应用创新 … 006

二、政策引导：数字化技术革新安全培训方式 … 007

三、企业变革：建造创新体验式技能培训体系 … 007

四、职能优化：侧重技术技能人员培训覆盖 … 008

五、模式革新：将旧知打破是创新基础 ……… 008

第二章 虚拟仿真培训体系设计……………………… 011

第一节 体系设计的思路………………………………… 012

一、体系设计的原则 ……………………………… 012

二、体系设计的要素构成 …………………… 013
第二节 课程体系设计 …………………… 015
一、建立框架：基于岗位能力分析 …………… 016
二、划分等级：分析岗位体系分层分级 ……… 017
三、匹配课程：岗位能力转化课程内容 ……… 020
四、开发资源：完善课程体系内容建设 ……… 021
五、持续优化：聚焦能力提升优化课程体系 … 022
第三节 师资体系设计 …………………… 024
一、胜任力模型：确立师资能力要求 ………… 025
二、选拔体系：规范人才筛选流程 …………… 026
三、认证体系：保障教学效果质量 …………… 027
四、聘任体系：激励讲师能力输出 …………… 028
五、成长体系：规划讲师培养路径 …………… 028
第四节 电力数字化学习平台设计 …………… 029
一、技术构成与部署 ………………………… 029
二、赋能中心功能设计 ……………………… 036
第三章 虚拟仿真培训体系开发 …………… 039
第一节 虚拟仿真课程应用开发 …………… 040
一、收集与确认开发需求 …………………… 040
二、确定开发课程类型 ……………………… 043
三、梳理课件组成元素 ……………………… 044
四、设计课程结构 …………………………… 046
五、虚拟仿真课件制作 ……………………… 051
六、虚拟仿真课程课件库管理 ……………… 057
七、实践案例：虚拟仿真课程脚本设计 ……… 058

第二节　数字化能力的师资开发…………………… 061
一、识：界定能力范围 …………………… 062
二、选：确立选拔标准 …………………… 066
三、审：开展资格审查 …………………… 066
四、考：现场试讲考核 …………………… 066
五、用：数字化师资认定 ………………… 067
第三节　电力数字化学习平台应用场景开发……… 068
一、远程协作：实现远程音视频协同作业 …… 068
二、作业指导：将固化经验方法复用增值 …… 069
三、装配训练：规避操作风险，节约训练成本 … 070
第四节　体系开发的最终实现目标………………… 072
一、“游戏化”职业路径培训 ……………… 072
二、促进隐性知识显性化 ………………… 073
三、突破传统“物理”实训室限制 ………… 073
四、建立综合学习训练系统 ……………… 074
第四章　虚拟仿真培训推广应用………………… 075
第一节　虚拟仿真资源整合……………………… 076
一、岗位能力分析 ……………………… 076
二、目标对象画像梳理 ………………… 076
三、典型工作场景分析 ………………… 077
四、岗位评价模型分析 ………………… 077
五、精准匹配培训课程 ………………… 077
第二节　推广实施方案设计……………………… 078
一、访谈与分析 ………………………… 078
二、撰写调研访谈报告 ………………… 080

三、推广方案设计 …… 081
第三节　虚拟仿真资源部署 …… 086
一、虚拟仿真培训室建设 …… 087
二、资源上传部署 …… 091
第四节　虚拟仿真培训的运营实施 …… 091
一、清晰界定权责关系 …… 091
二、确立实施保障 …… 092
三、师资培养与应用手册开发 …… 094
四、现场运营实施 …… 096
五、评估与优化 …… 098
第五节　实践案例：开展一场虚拟仿真培训 …… 101
一、实施目的 …… 102
二、需求识别 …… 102
三、需求分析 …… 104
四、教学方法设计 …… 105
五、本地化部署 …… 107
六、现场实施 …… 108
第五章　虚拟仿真培训品牌的建设与运营 …… 111
第一节　虚拟仿真培训品牌的价值 …… 112
一、虚拟仿真培训的角色定位 …… 112
二、品牌价值输出 …… 114
第二节　培训品牌的基本要素 …… 114
一、定位：打造多层次培训项目体系 …… 115
二、渠道：多样化宣传渠道，精准输出品牌效应 … 117
三、机制：完善品牌推广机制，延续品牌认同感 … 119

第三节　培训品牌的运营手段…………………… 120
一、内容日常推送 ………………………………… 120
二、保证员工的活跃度 …………………………… 120
第六章　企业未来数字化培训的思考与展望………… 123
第一节　数字化转型未来的路径………………………… 124
一、从采集到应用，提升数字化价值 ………… 124
二、认清发展方向，规避盲目转型 …………… 124
三、聚焦核心目标，渐进式数字化转型 ……… 125
第二节　数字化转型的聚焦内容………………………… 125
一、数据主导的核心地位 ………………………… 125
二、业务发展与数字化创新深度融合 ………… 126
三、技术架构与应用功能的敏捷迭代 ………… 126
第三节　数字化转型的机制保障………………………… 127
一、组织管理建设，保障组织活力 …………… 127
二、企业文化建设，维持良好氛围 …………… 127
三、人才建设，保障创新力补给 ……………… 128
第四节　关键方向与预期成果…………………………… 128
一、关键方向 ……………………………………… 128
二、预期成果 ……………………………………… 130
结　语………………………………………………… 131
参考文献……………………………………………… 132

第一章　电网企业数字化培训概述

在当今数字化时代，经历数十年蓬勃发展的虚拟仿真技术，已经深入应用到企业培训中。对于企业来说，引入虚拟仿真技术的价值在于采用数字新兴技术与多元方式辅助核心业务发展，大幅度提升员工技能，助力企业绩效提升。

企业应用虚拟仿真数字化技术开展培训，有助于企业与培训职能部门降本增效，并且结合企业现状全面思考如何更高效地开展虚拟仿真数字化培训以及虚拟仿真数字化培训给企业带来的价值。

第一节

数字化浪潮推动企业变革

随着移动互联网、大数据、云计算、物联网与人工智能等技术的迅猛发展，企业开始探索从传统模式向数字化转型，开启了企业数字化模式。在数字化新经济形式之下，传统企业向数字化转型升级的趋势越发成为主流，一场数字革命的浪潮驱动全球企业变革创新。

一、数字化转型的三个阶段

数字化转型可分成三个阶段，数字化 1.0—信息化阶段、数字化 2.0—数据化阶段以及数字化 3.0—智能化阶段，见表 1–1。针对不同的行业与企业，数字化转型的内涵有所差异，部分企业正在朝着信息化或者数据化转型，而有少部分企业正朝着智能化转型。

表 1-1 数字化转型的三个阶段

阶段	数字化 1.0	数字化 2.0	数字化 3.0
按载体分	PC 互联网	移动互联网	物联网
按范围分	信息互联网	消费互联网	产业互联网
实现功能	计算机化、信息化	网络化、数据化	智能化
主要特征	信息区别于时间、空间与实物而独立存在，对应的边际成本无限接近于零	在人和人之间、人和物之间以及物和物之间创建的连接是无处不在的，与需求侧规模经济相对应	人工智能使人的大脑获得了解放，创造让人高兴的个性化体验，使数字世界和实体世界融合得以实现
影响领域	对人们获得信息的方式产生影响，使媒体格局发生了改变	对人们的生活方式产生影响，使销售与服务手段发生了改变	全面渗透到企业的多个环节，比如，研发与生产、供应链环节等
流量入口	浏览器、搜索引擎、门户网站	APP、微信	AI、AR、VR、MR

“上天入地”是对数字化转型很形象的比喻，“上天”是指将有关客户的东西都搬到网络之上，从网络上得到信息以及用户的真实需求；而“入地”则是指将自动化、数字化、智能化作为核心来开展精细化的制造。对于数字化转型来说，实现智能化，转型成为智慧型企业，是其最终的目的，因此，也将数字化转型称为“智慧转型”。国务院于 2015 年 5 月印发的《中国制造 2025》国家行动纲领明确提出，要加快创新驱动，突破重点领域关键共性技术，比如，大数据、云计算及物联网等，促进企业数字化、网络化、智能化，走创新驱动发展，对传统产业进行数字化改造，以提升劳动生产率，从本质上来说，就是企业数字化转型。

二、数字化技术革新企业管理

（一）大数据：驱动企业精准决策

大数据以类型多、容量大、应用价值高等作为主要特征，是常规软件工具无法直接进行捕捉、管理与处理的，需要新处理模式才能具有的洞察发现力、流程优化能力以及超强决策力的海量、多样化、高增长率的信息资产。

企业应用大数据技术，可以快速地对来源分散、数量巨大、格式多样的数据进行采集、存储与关联分析，从中发现想要的信息，并对其加以利用，使之为企业带来效益。比如，企业利用大数据技术可以进行精准生产、精准营销等，可以有效地规避一些不必要生产程序与不符合市场需求的产品，非常有助于生产成本的降低与生产效率的提高。

（二）云计算：实现企业降本增效

云计算指供可用的、快捷的、便利的、按需的网络访问，进入可以配置的网络、存储及服务计算等资源共享池，既不需要投入太多的管理工作，也不需要较多地与服务供应商交互，就能够享受这些资源。

传统加工企业过去都是依靠人工操作来完成大量的流程管理的，不仅费时费工、生产效率低，而且还很难保证准确性。现如今，不少加工企业借助云计算开启数字化转型，比如上汽集团成立了汽车行业的第一个云计算中心，不仅大幅提升上汽集团生产效率，而且还有利于其生产管理、成本管理等的增强，有效地促进了其发展。

（三）物联网：贯通企业资源链接

物联网是为实现“万物相连的互联网”，通过信息传感设备，遵从约定的协议，将任何物品和互联网连接在一起，进行信息交换与通信，以便实现智能化识别、定位、跟踪、监控与管理。

企业引用物联网可以帮助它们与内部、外部资源建立连接，为企业带来诸多好处。比如，帮助企业创建高效生产流程，提高生产效率等。当物联网设备相互连接在一起，并且组织起来之后，会对企业的生产力产生直接的影响，帮助企业大幅度提升整体的生产效率，因为物联网不仅可以促进更多的工作流程在更短的时间内完成，而且也能够让员工更加精准地完成更多的生产任务。

（四）虚拟仿真：重构企业作业场景

虚拟仿真技术又被称为“虚拟现实技术”“模拟技术”，是指利用一个虚拟的系统对另外一个真实系统进行模拟的技术。其特点在于利用计算机图形构成的三维数字模型，编制到计算机当中去生成一种逼真的“虚拟环境”，从而让用户在视觉上产生一种沉浸于虚拟环境的感觉。

企业掌握科学地运用虚拟仿真技术，必然会为其发展提供诸多便利，有效促进生产效率的提高。举例来说，虚拟仿真技术有助于生产物流系统的重构。在企业的生产过程当中，产品生产所花费的时间中有90%集中在运转过程，比如，储存、装卸与搬运等过程当中。这些物流活动在很大程度上牵制着企业的整个生产过程，严重地影响着企业的生产效率。重构生产系统就成了企业提升生产效率的关键环节，而要想重构生产系统，重点在于生产物流系统的重构。于是，有企业就基于时间的任务队列方法的基础上创建了面向可重构生产物流系统的虚拟仿真平台。虚拟仿真平台可以在物流资源重构与调度策略的基础上对各类物流方案的性能进行分析，为生产物流的重构提供可行的途径，继而促进企业生产效率的提升。

（五）人工智能：构建企业个性化场景

人工智能，又被称为“智械”“机器智能”。一般来说，人工智能是指通过普通计算机程序来展现人类智能的技术。可以模拟人在思维与意识的信息过程，达到像人一样思考，甚至超过人的智能。

在人工智能领域聚焦很多新技术，比如，工业机器人、高档数控机床、智能仪表以及新型传感器等技术都已经发展到了成熟的阶段。亚马逊的推荐系统就是一个交易性的人工智能平台，拥有持续学习与进化的强大能力。本质上，庞大的用户全体正在帮助亚马逊人工智能系统学习与进化，例如，当系统检测到消费者在查询衬衫相关产品，系统会即时推荐衬衫广告，以便更好地展示可能出售的商品。

总而言之，数字化向生产力渗透、生产关系因数字化而重构，这一切都促使经济活动朝着全面数字化发展，使得人们的生活方式、生产方式、思维方式、行为方式与交往方式等都以一种崭新的面貌呈现出来。

三、数字化改变劳动力结构

科技进步的同时，也在逐步提高生产力，改变劳动力结构。不同时代对劳动力结构的影响对比见表 1–2。

表 1-2　不同时代对劳动力结构的影响对比

层面	蒸汽时代	电气时代	信息时代	人工智能时代
标志事件	第一次工业革命	第二次工业革命	计算机革命	人工智能革命
主要特征	具有代表性的机器设备，比如，蒸汽机、内燃机等的诞生	大流水线的诞生，大企业要对大规模生产进行协调	在网上可以实时对不少零散的知识进行查询	人工智能可以承担许多知识型的工作
主要影响	技术知识将经验知识取代	管理知识将技术知识取代	知识的流程化、体系化将零散的知识取代	创造力将知识取代，成为稀缺资源
人才需求	技术工人	管理型人才	复合型人才	具备数字化技能的创新型人才

在数字化时代到来之际，一些具有洞察力与预判能力的企业都已经躬身

入局，相继引入大数据、云计算、物联网、虚拟仿真、人工智能等新兴数字化技术。这一具有颠覆性的创新变革，很大程度上改变了企业的劳动结构，使企业实现转型与发展，成为行业的佼佼者。

全球领先的专业服务机构——德勤发布的《2017 全球人力资本趋势报告——改写数字时代的规则》中，这样写道：当企业整体完成数字化转型之后，人力资源部门除了创建数字化的人力资源管理平台之外，还要发展数字化的劳动力，建立数字化的工作环境，并且通过技术手段来使人们的沟通方式与工作方式发生改变。

第二节

电网培训数字化转型契机

在数字化时代的背景下，虚拟仿真相关技术逐步趋于完善和成熟，其构建的虚拟场景以及动态人机交互实现了人与虚拟场景发生深层关联，革新了企业的生产方式和培训模式。那么，应用新兴数字化技术必将成为各行业培训的主流方式之一。

一、国家战略：数字化技术驱动培训应用创新

近年来，我国政府部门制定了建设数字中国的重大战略，把数字化视为公司的核心发展战略路径，加速对公司的数字化建设与转型工作。在创新人才培养方面，国家发改委对外公布了《关于发展数字经济稳定并扩大就业的指导意见》，其中非常明确地提出了要加大力度对“互联网 +”教学与技能培训进行发展，利用互联网技术、移动技术、虚拟现实技术、人工智能技术等新兴数字化技术，施行数字化教学培训等新型教学培训模式。广东电网将数字化转型与培训评价领域的技术先进性以及创新性作为公司培训和评价的战

略性指导以及管理创新引领原则。

二、政策引导：数字化技术革新安全培训方式

党的十八大以来，以习近平同志为核心的党中央对安全生产工作给予了高度的重视，并且对新时代的安全生产工作提出了更高的要求，尤为重视生产安全，“弘扬生命至上、安全第一的思想”“人命关天，发展决不能以牺牲人的生命为代价，这必须作为一条不可逾越的红线”。

广东电网培评中心从虚拟仿真技术研究与培训应用着手，以员工在平时的工作过程中应具有的安全技能与保命技能作为重点关注对象，开展保命技能虚拟仿真培训，重点巩固员工所掌握的安全技能以及核心技能，优化公司员工技能培训评价工作，使之变成员工的“肌肉记忆”，从而应用虚拟仿真技术促使员工将“要安全、懂安全、能安全、落实作业安全”当作自己的行为准则与作业习惯。

三、企业变革：建造创新体验式技能培训体系

随着国家新基建战略规划和部署，数字化转型成为企业发展趋势。南方电网推进“185611”战略，新技术、新设备在一线得到全面推广，如机巡作业、机器人巡检、数字化变电站等。广东电网培评中心依托公司虚拟现实和增强现实重点实验室，聚焦技能员工保命技能培训数字化，构建了保命技能虚拟场景数字化培训体系资源库。

基于虚拟仿真技术和人机交互技术建设课程开发体系，聚焦关键岗位、实操实训、保命技能层面内容，根据专业特色和资源分布情况，差异化开展保命技能虚拟仿真培训资源开发。横向聚焦三类人群：内训师、技能人员和新员工，纵向贯穿各专业序列：输电、配电、变电等。依托数字化创新学习平台的技术和资源优势，构建符合保命技能虚拟仿真培训的课程体系并实践总结出可持续推广的保命技能虚拟仿真培训模式，为公司打造本质安全型企业提供保障。

四、职能优化：侧重技术技能人员培训覆盖

在新兴数字化技术快速发展，各类企业投身数字化转型之际，企业也聚焦大数据、云技术以及虚拟仿真等新兴技术上，将其应用于企业变革中，比如，优化职能、侧重技术技能人员的培训覆盖等，促进自身的发展壮大。

以保证安全生产为导向，推进公司员工技能培训评价优化，区分员工技能培训和管理人员培训，以“训”作为主体，以“培”充当辅助，反复地对员工的核心技能与安全技能“训”与“练”，利用新兴技术推行多形式、分层级、全覆盖的技能培训，使培训内容朝着高度强化核心技能与安全技能的方向转变，使培训形式朝着网络化、虚拟化等方向转化，全面提升员工岗位履职能力。

五、模式革新：将旧知打破是创新基础

为变革传统培训模式，应用虚拟仿真技术推行“理论＋沉浸＋实操”的虚拟仿真培训模式。利用新兴数字化技术创建了虚拟仿真体验式培训，内设多个虚拟仿真体验区，如虚拟电网设备拆解训练体验区、高空作业仿真训练体验区以及沉浸式无人机巡检训练体验区等，在课堂上开展沉浸式体验实操，不仅满足学员对于新奇技术的探索，而且实现了讲师和学员互动的场景化实操教学。

数字化培训课堂上，讲师每个人手中都拿着一台平板电脑，把设备模型投屏推行理论知识与数字化实操教学，使得设备的拆解以及多人的交互得以实现，如此一来，学员可以“亲身经历”地体验学习业务场景的工作原理、工作流程以及工作规范。在这种模式的培训当中，学员的身份发生了转变，从“倾听者”变成“参与者”，驱动学员参与培训的积极性，提升学员对于教学知识的理解与转化。

总而言之，数字化技术的创新为电网企业员工培训创造新的机遇，将虚拟仿真技术应用于培训中，具备诸多创新性优势，不仅可以提高电网企业技

能培训的效果，而且还能够帮助企业节省培训成本。最重要的是，这也是信息技术高度发达的新时代对现代电网企业培训及其发展所提出的要求与挑战。唯有抓住数字化转型的时机，善用虚拟仿真技术，才能紧跟数字化转型的时代步伐，引导企业走在数字化组织的前列。

第二章　虚拟仿真培训体系设计

实现企业的战略目标需要依靠业务的持续发展，而业务的发展则是由员工的整体素质和能力所驱动。构建符合企业特色的培训体系，支撑员工在态度、知识、技能等维度的提升，是企业帮助员工实现职业路径规划的有效方法。

依托虚拟仿真技术的创新优势，根据企业的特色以及技能人员的培训特点，构建出了具有创新性、针对性以及实用性的虚拟仿真课程体系。与传统的培训体系相比，虚拟仿真课程体系更加注重聚焦利用数字化技术赋能课程资源、教学工具、师资队伍，弥补传统培训的局限性。特别是针对教学环境、教学场景、教学内容等，构建出仿真模型、模拟训练过程等。不仅具有常规图、文、声、像等多媒体信息的表现力，也集成多媒体、虚拟现实、增强现实等综合信息的整合功能，丰富培训应用场景以及教学互动方法，虚拟仿真课程体系将成为企业培训数字化转型的主要建设目标之一。

第一节

体系设计的思路

电网虚拟仿真培训体系的设计包括课程体系、师资体系以及数字化平台，是基于系统化思考，注重培训理论和实践相辅相成的系统化设计。解决在业务发展和运行中的常态化能力建设培养机制，通过人工智能技术、虚拟现实（VR）或增强现实（AR）等技术，结合已开发的智慧培训和智慧评价平台的数字化支撑。全面提升员工岗位履职能力的培养，强调反复训、反复练，固化为"肌肉记忆"的能力。驱动一线员工掌握更多的理论知识、作业要求，建立更加智能、高效、安全的新技能培训体系。

一、体系设计的原则

（一）注重以人为本

以人为主体，不仅培养"全面发展的人"，也培养数字化创新人才，虚拟仿真培训体系的课程组织形式主张跨学科、综合化，构建动态开放式课程。讲师在教的过程中站在学员发展、对话、探究等角度，采取虚实结合式、多角色团队式、项目式、情景式、模拟式、互动式、研究式、探究式等教学方法，在观察法、演示法、参数法等基础上拓展多途径、多方案、设计性等实践教学体系，聚焦学员综合训练与创新思维能力培养的深度和广度。

以人为本认同个体差异，遵循学员的学习习惯、认知规律和接受特点，知识内容及环节构成需层层递进，体现基本要求基础上的研究与探索，教学内容上有基础模块、拓展模块与研究创新模块，可以满足不同层次学员的需要。讲师作为虚拟学习空间建构主体，依据动态开放式课程的可塑性特征，发挥主动权，参与并主导数字时代虚拟学习空间的建构，让学员在潜移默化中达成知识、情感、素养、能力、价值观的统一，实现点与面意义上的高质量数字化人才培养。

（二）关注自主学习

虚拟仿真培训体系倡导“情境”学习模式，同时鼓励建立讲师与学员教学互动的平等关系。讲师积极参与教学数字化变革，包括教学内容、教学活动、教学模式、评价模式等方面有深度的思考与实施，学会有效利用数字化教学工具开展课堂教学改革。尤其在信息技术的使用方面，提高课堂教学的参与度、融入感。虚拟仿真培训教学课程建设主观上促进了讲师积极创新教学方式，改革传统实验教学观念、实验教学设计和实验结果评价，提供具有良好沉浸感、临场感以及交互感的虚拟仿真实验场景，为学员创造出一种能够在线自主训练、多元化与个性化结合的开放式学习环境。

二、体系设计的要素构成

电网虚拟仿真培训体系是基于企业的发展战略、人力资源体系以及业务需求，依托数字化平台、虚拟仿真技术覆盖多专业和多场景应用的体系。重点聚焦关键岗位、实操实训、保命技能层面内容，根据专业特色和资源分布情况，差异化开展保命技能虚拟仿真培训资源开发应用，赋能业务，构建符合企业战略目标、可持续发展的高效培训体系。电网虚拟仿真培训体系见图 2–1。

（一）平台：电力数字化学习平台

电力数字化平台是虚拟仿真培训至关重要的基础，首先要搭建基于虚拟现实与增强现实技术的领先电力数字化学习平台。构建四位一体，即集知识管理中心、培训体验中心、仿真认证中心与工作辅助中心于一体的电力数字化学习平台，实现员工在线学习、虚拟仿真实操培训、大场景仿真培训和考评以及工作辅助等多项业务功能，满足员工的各项培训要求，从而大幅度提升员工的专业技能水平。

（二）资源：创建四大类应用资源

AR 虚拟仿真应用、VR 虚拟仿真应用、3D 模型虚拟仿真应用以及无人

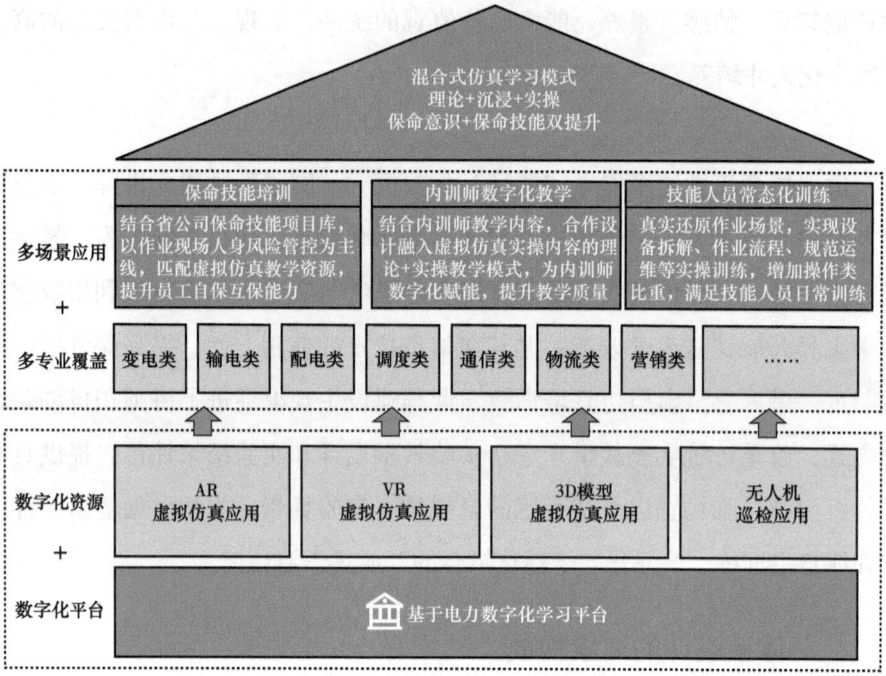

图 2-1　电网虚拟仿真培训体系

机巡检应用，是数字化资源的四大类核心应用，紧密结合业务部门培训需求，通过研究基于 Unity3D 的变电站场景仿真技术、Kinect 体感交互技术、多人协同、跨平台展示和电网仿真技术等，结合先进的动作捕捉、立体显示设备，从视觉、听觉和交互方式等方面构建高度逼真的沉浸式变虚拟环境，支持在虚拟场景中进行操作、巡视、事故处理等训练，增强了培训的趣味性和实效性，实现生产运行过程的高度仿真。

（三）对象：支撑专业技能提升

目前的开发能力满足变电、输电、配电等多专业培训需求，通过研究各专业的工作辅助课件注册、追踪、交互算法等，探索增强现实技术在电网工作辅助与教育培训领域的融合应用，构建增强现实技术的电网仿真培训、工作辅助、现场支持等方面的应用模式，为各专业现场工作人员开展试验、巡视、检查、维护等工作提供了有力支持，保障现场作业的安全、规范、高效，有效提升各专业员工现场作业水平。

（四）场景：满足丰富场景教学

聚焦保命技能培训、内训师数字化教学、技能人员常态化训练三大应用场景。结合省公司保命技能项目库，以作业现场人身风险管控为主线，匹配虚拟仿真教学资源，提升员工自保互保能力。结合内训师教学内容，合作设计融入虚拟仿真实操内容的理论和实操教学模式，为内训师数字化赋能，提升教学质量；真实还原作业场景，实现设备拆解、作业流程、规范运维等实操训练，增加操作类比重，满足技能人员日常训练。

第二节 课程体系设计

随着电网企业精益化管理的不断提升，技能员工的作业要求也随之持续标准化，传统技能实操类培训课程的方式和方法逐渐与新的作业场景和作业要求脱轨。依托虚拟仿真等新兴数字化技术，打造面向业务的虚拟仿真课程体系，促进培训课程体系实现创新性构建，丰富企业技能人员的培训多样性，服务技能型人才培训发展需要，逐步实现基于岗位胜任力课程体系的迭代与升级。

构建培训课程体系是基于培训需求，开发设计在不同阶段符合各专业和各层级员工能力提升的课程，持续驱动员工在企业发展的不同阶段的综合能力和工作绩效的优化。虚拟仿真培训课程体系是以解决问题为导向，由匹配员工作业场景和技能要求的关联课程，相互作用、联系而沉淀的一套模型实践工具。基于员工的专业序列，保证课程体系的逻辑性；贯穿员工的职业发展路径，保证课程体系的针对性。面向业务的虚拟仿真课程体系的建设，可按照以下“五步法”开展实施。

一、建立框架：基于岗位能力分析

在建设虚拟仿真课程体系中，基于员工专业、岗位的工作实际情况，初步建立课程体系框架，以此明确为课程体系的建设方向。整合公司各个专业的岗位工作内容以及特色，分析不同专业对人员能力要求的培训模式和作业形式，将相同工作性质、能力要求的岗位归类分组，增强虚拟仿真课程体系建设的针对性。

（一）划分岗位能力等级

通过解读企业战略和核心业务流程，将相同工作性质或者相似能力要求的人群划分为一个层级。根据企业对各专业人员的价值判断和岗位能力要求，将员工划分为五个层级，包括班长、副班长、高级作业员、中级作业员、初级作业员。

（二）构建课程体系框架

根据岗位能力等级的划分，确认培训对象的五个职级与九个专业序列排列组合，就构成了广东电网虚拟仿真课程的体系框架，见表 2-1，每一个级别都具有不同的培训内容，需要员工不断突破自己，逐级上升，达到良好的培训效果。

表 2-1　课程体系框架

专业	班组	岗位能力要求	职级				
			班长	副班长	高级作业员	中级作业员	初级作业员
变电	变电检修班	按照相关规程要求，针对电力变压器及电抗器开展规范化检修和验收工作	√	√	√	√	√
输电	机巡作业班	能够运用无人机对输电线路设备进行特种作业	√	√	√	√	—
配电	配网综合班	能够分解安全生产目标，安排本班组安全生产任务，识别评估各类风险、提出风险控制措施，处理安全事故并进行上报处理	√	√	√	—	—

二、划分等级：分析岗位体系分层分级

岗位胜任力在企业管理中是驱动员工取得卓越绩效的综合素质，广东电网的岗位胜任力模型包括知识、技能、潜能。岗位胜任力要素分析是结合企业、部门以及岗位的要求和标准，逐步拆解到岗位的工作内容、能力要求以及职业发展路径等内容，最终总结和提炼各个岗位需要具备的知识、技能以及潜能。

（一）岗位体系分析

岗位体系是实施课程体系建设的重要依据，完整的岗位体系能够清晰定义各专业员工的工作内容定位，明确各个职级员工的能力要求，基于员工职业发展路径分层级、差异化地分析梳理各专业序列的课程结构。岗位体系分析可参照以下五个因素，见表 2–2。

表 2-2　岗位体系说明

名称	说明
专业序列	基于员工作业内容的差异，梳理整合相同专业中知识和技能要求类似的岗位，即称为专业序列，电力企业的专业序列包括变电、输电、配电等
职级	职级是岗位之间相对的价值，一般包括班长、副班长、高级作业员、中级作业员、初级作业员，涵盖从高到低的职级
能力要求	基于岗位的职级与岗位要求的统一，由权利和责任两部分构成
任职资格	对胜任岗位所需要的资历、经验、知识等要求的细化描述
职业发展路径	对岗位未来的职业发展方向和职业发展路径的描述

结合岗位体系的具体要求，以岗位需求为基础，从知识、技能、潜能等维度梳理岗位信息，将岗位信息转化为胜任本岗位应具备的能力要素。在识别能力要素时，要高度总结概括，满足岗位体系要求。

以机巡作业岗位为例，按照广东电网的战略要求和机巡作业人员的胜任

能力要求，机巡作业人员应具备知识、技能、潜能三类能力。其中，知识维度要求掌握基础知识（如国家法律法规、安全知识）和专业知识（送电线路知识、无人机知识）；技能维度要求掌握基础技能（如信息系统操作、检测设备识图）和专业技能（如无人机日常巡视、无人机特殊作业）；潜能维度要求掌握通用类（如安全风险意识、组织协调能力）和鉴别类（如分析判断能力、事故防范能力），机巡作业岗位胜任力要素见图 2–2。

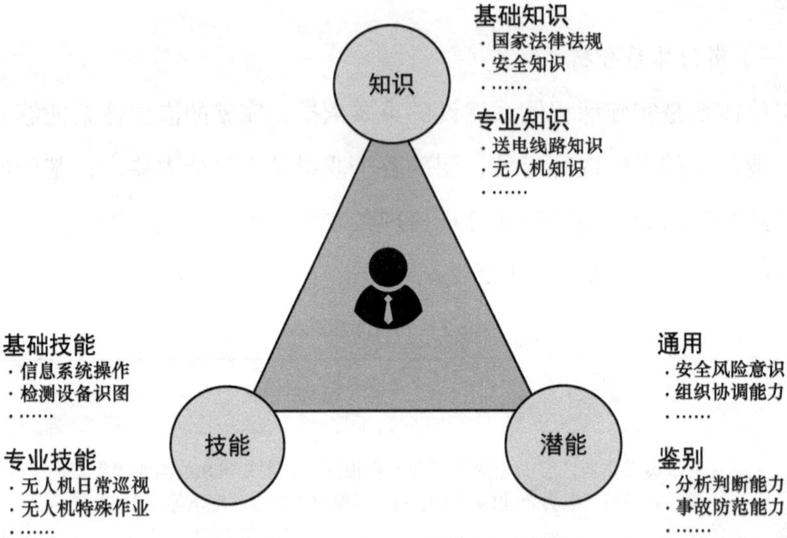

图 2–2 机巡作业岗位胜任力要素

（二）定义岗位绩优标准

通过对岗位的体系分析，从工作流程、基础技能、核心技能、工器具及设备、工作态度和防护措施等方面，分解岗位所需要的每个能力要素，精准描述各能力项所表现的典型行为。界定高能力员工与中、低能力员工在作业能力上的差异，并分析导致关键行为及绩效结果的显著区分，规范定义识别到的胜任力标准。

通过全面评估各专业岗位的各项能力要素，区分员工在目标岗位绩效高、中、低的行为表现，再将界定好的绩优标准分解细化到各个具体的任务要项，以此识别技能人员产生优秀绩效的行为标准。

（三）划分能力层级

定义岗位绩优标准后，需要划分员工各个等级能力素质，对不同的素质等级做出行为描述，完成初步胜任要素分析。基于企业的发展战略、经营环境及岗位在组织中的定位，将初步建立的胜任要素分析去匹配组织、岗位、员工，构建并持续优化胜任素质分析。

广东电网一线技能人员一般分为五个层级，包括班长、副班长、高级作业员、中级作业员、初级作业员，根据不同层级人员的岗位要求和作业重点差异，逐一划分五个层级人员应具备的能力要求，确保不同层级员工的能力呈现连续性和递进性。机巡作业岗位能力层级划分见表 2–3。

表 2-3　机巡作业岗位能力层级划分

维度	模块	要素名称	能力描述	能力要求				
				初级作业员	中级作业员	高级作业员	副班长	班长
知识	基础知识	国家法律法规	懂得电力及机巡作业相关基本法律法规，确保工作和个人行动的合法性	√	√	√	√	√
	专业知识	送电线路知识	懂得送电线路的组成部分，各部分所涉及的材料使用和操作流程等专业知识	√	√	√	√	√
技能	基本技能	信息系统操作	能够熟练操作相关信息系统完成本岗位业务	√	√	√	√	√
		监测设备识图	能够识读在线监测装置结构图、电气接线图	√	√	√	√	√
	专业技能	无人机日常巡视	能够运用无人机对输电线路、在线监测装置等设备进行日常巡视	√	√	√	√	√
		无人机特种作业	能够运用无人机对输电线路设备进行特种作业	—	√	√	√	√
潜能	通用	安全风险意识	树立“一切事故都可以预防”的安全理念，严格按照所在岗位的安全要求及操作规范开展工作，确保人身和设备的安全	√	√	√	√	√
		组织协调能力	根据工作目标合理配置相关资源，协调各方关系、调动人员积极性，及时处理工作中出现的问题	—	—	—	—	√
	鉴别	分析判断能力	识别各种事物或现象之间的联系，把握问题实质和关键点，提出切实可行的解决方案	√	√	√	√	√

续表

维度	模块	要素名称	能力描述	能力要求				
				初级作业员	中级作业员	高级作业员	副班长	班长
潜能	鉴别	事故防范能力	具备事故风险意识，熟悉现场的规律和特点，正确辨识危险点，采取可行的预防性措施，防范事故发生	√	√	√	√	√

三、匹配课程：岗位能力转化课程内容

虚拟仿真培训课程体系建设的核心点在于如何实现岗位能力要求与虚拟仿真课程的转换，也就是要基于岗位能力要求分析，将岗位能力要求设计到具体的课程内容中。

第一步，按照岗位以及层级的划分，整理和罗列对每个层级每类人员应具备的能力的要求，确保无遗漏。第二步，梳理岗位对员工基础能力、核心能力、待提升能力等维度的归类分析。第三步，根据岗位描述内容和培训需要，按照重要程度排序课程资源建设的先后顺序。最后，分析岗位工作性质以及技能提升的覆盖人群范围，确定具体的课程资源匹配岗位能力事项。课程匹配岗位流程见图 2–3。

通过课程与岗位能力的匹配，最终形成的课程资源能够覆盖目标岗位的各层级人员所应该具备的能力与行为要点。同时，行为要点准确转化为课程，不存在流程上的疑义，同一岗位由班长到初级作业员之间的课程具备逻辑递进性。机巡作业人员岗位能力匹配课程示例见表 2–4。

表 2-4　机巡作业人员岗位能力匹配课程示例

岗位能力	匹配课程	授课方式	课程师资
欠缺无人机在线监测装置设备日常巡视能力	VR 无人机巡线	讲师线下指导学员开展 VR 训练实操	张老师
欠缺送电线路操作流程知识	送电线路 3D 视频讲解	电力数字化学习平台在线学习	李老师

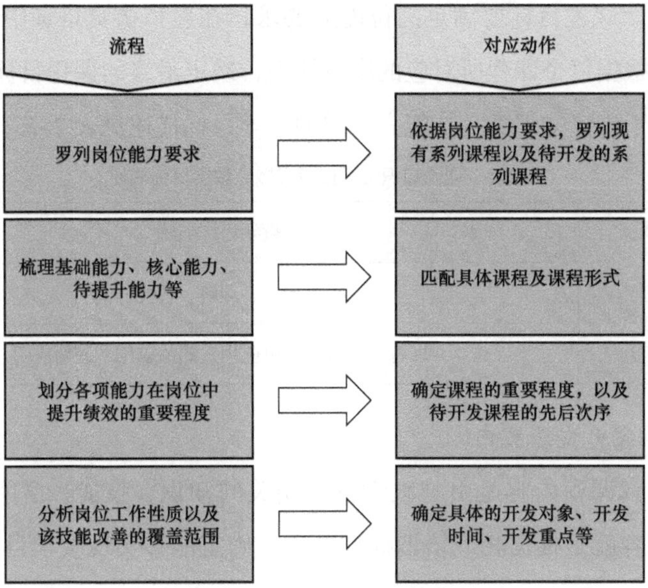

图 2-3 课程匹配岗位流程

四、开发资源：完善课程体系内容建设

课程资源开发建设是为达成培训目的而选择和管理培训内容的过程，开发课程资源需根据课程的组成要素，基于岗位能力要求开发。按照能力类型划分，属于基础性内容的排在前列，归属专业能力的内容的排在后列；按业务流程划分，即能力要求涉及的业务流程在前的需要前置，所涉及业务流程在后的需后置，具体包括以下四个步骤。

（一）确定开发类型与目标对象

作为虚拟仿真课程开发，要明确所开发的课程涉及技能实操、设备 3D 模型、安全事故案例等，不同内容的课件会采用 VR/AR 交互、3D 视频、3D 模型等不同类型的课程形式。同时，需要确认本课程针对哪个专业、什么层级（如输电专业机巡作业班的班长）的员工开发，明确该类培训对象的岗位职责内容。

（二）确定教学目标

教学目标来源于课程大纲，是对学员完成学习后的效果提供方向和标准的概括说明。课程目标要满足岗位能力要求，在虚拟仿真培训中可数量化以及可操作。根据每个课程所对应的岗位能力，确定最终的课程目标。

一般对于理论知识类、技能实操类的教学目标描述见表 2–5。

表 2-5　理论知识类、技能实操类教学目标描述

内容类别	教学目标描述
理论知识类	记忆、理解、转变
技能实操类	理解、模仿、简单应用、熟练应用、创新应用

（三）确定开发课程内容

虚拟仿真课程内容是由与教学目标相关的知识、技能、潜能所构成的。开发课程内容就是根据相应培训标准要求，确定能够实现教学目标的教学内容，合理选择与组织。课程要关注员工对所学内容的熟练应用和创新应用。

技能类课程要确定分阶段的目标和实施步骤，突出案例和虚拟场景下的实操训练，使学员在实际训练中获得处理各种复杂问题的思维过程、解决方法和行动方案。在课程内容的选择上注重整合性和关联性，各部分内容要有机结合，相互关联。

（四）设计教学方法

教学方法的选择取决于培训场景以及培训内容，虚拟仿真培训课程更聚焦学员的沉浸体验感以及交互性，因此在选择培训方式时，大多以线下实操训练为主，涉及理论讲授、3D 案例视频教学、发散式小组研讨、虚拟场景案例实操等，运用不同的教学方法达成最终的教学目标。

五、持续优化：聚焦能力提升优化课程体系

基于员工职业发展路径梳理、各类专业岗位能力归纳、课程资源建设以及持续完善优化，最终形成完整的技能人员培育链，构建出虚拟仿真课程体系，见图 2–4。

广东电网培评中心最终构建的虚拟仿真课程体系是基于虚拟仿真技术与

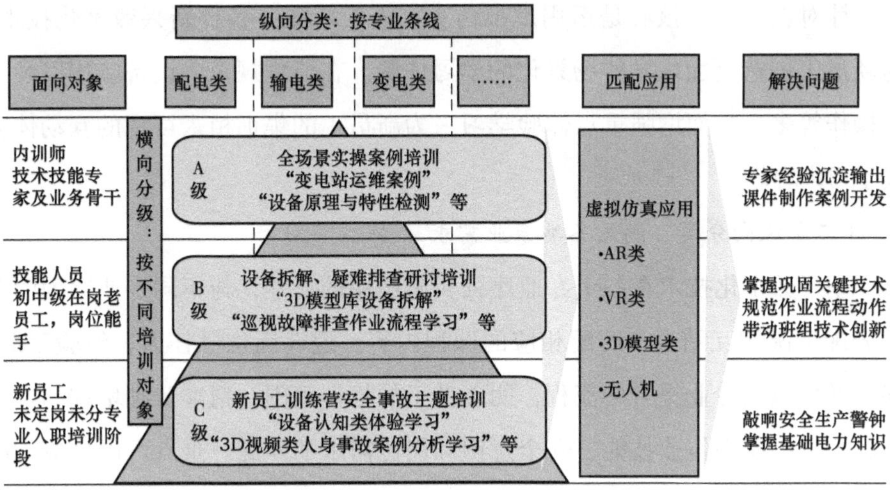

图 2-4　广东电网虚拟仿真课程体系

人机交互技术的创新优势，聚焦三个层面即关键岗位、实操实训以及保命技能的内容，以资源分布状况与专业特色作为依据，差异化地开发保命技能虚拟仿真课程资源。横向聚焦三类人群，纵向贯穿各专业序列，对每个课程都能定义出其具体针对的员工群体、专业知识领域。按照技术的可用性、使用的难易性、内容的专业性、时效性等维度来分析现有的所有 3D 虚拟仿真培训课程。依托电力数字化学习平台的技术和资源优势，构建符合保命技能虚拟仿真培训的课程体系。

（一）横向分级，覆盖各级学习对象

针对内训师，借助虚拟仿真等新兴数字化技术，创造出传统培训手段不可能达成的教学环境，通过现场指导与实操传授，促内部内训师能熟练地掌握 3D 模型辅助教学与 VR 类应用辅助实操演示等，并且可以做到举一反三，提出创新教学理念与方式。

针对技能人员，重点要与技能人员的工作场景相结合，彻底打通培训和工作之间的界限，实现训产结合式的学习，大多以突发应急处理、疑难问题处理以及安全责任事故处理等为主。技能人员要熟练掌握一两个应用，在实战场景下就可以辅助其应用模拟，充分地发挥出班组内师徒传帮带的作用。

针对新员工，核心是运用虚拟仿真、人工智能等各种新兴数字化技术，为新员工创造更加优异的场景化的学习体验。在流程规范、设备应用以及安全操作等多个方面增强重点体验学习，为新员工的集训植入可视的互动体验式学习内容。

（二）纵向分类，满足各类专业需求

基于数字化技术在各个专业序列实施运用的特性，与不同专业序列的资源分配情况相互结合，匹配相应的课程内容。遵守岗位胜任力、经验萃取、辅导开发以及专业提升的流程，明确员工的培训范围，精准辨别培训的实际需求，最终实现作业技能、安全意识和岗位需求的匹配。重点可以分成配电类、输电类与变电类三大类，各个应用场景课件划分专业方向，比如，“变电站运维案例”课件，就是变电专业序列的课程，而“人身事故案例 3D 视频”课件又以案例本身所涉及的专业的差异作为依据作出区分。

（三）持续优化，完善技能人员培育链

广东电网培评中心在虚拟仿真课程体系建设中，从培训方案设计、员工职业发展路径以及完善课程体系三方面，持续推进虚拟仿真课程体系建设。聚焦员工岗位能力提升的方向，形成具有动态更新和业务逻辑的知识与技能结构体系，帮助员工逐步提升业务能力，形成符合广东电网发展要求和技能培训特色的课程体系。

第三节
师资体系设计

数字化人才的一大特点，就是他们自身的知识、技能和能力专长。作为组织，花费大量力气和精力招揽到了数字化人才后，还要设立内部知识管理、学习分享机制和流程，让人才的专业知识和经验得以内化、组织化，促进内

外部人才的相互学习。因此，数字化赋能内部人才是企业的发展战略之一。

选拔出符合企业要求的数字化师资队伍后，如何建立培养体系持续为师资团队数字化赋能，是打造师资数字化能力的重点工作之一。广东电网培评中心通过建设数字化师资的胜任力模型、认证体系、成长体系、考核体系等，形成符合广东电网特色的数字化师资体系。

一、胜任力模型：确立师资能力要求

在数字化培训体系中，培训师的数字化胜任力主要包括数字化教学设计能力、数字化设备应用能力、数字化课程开发能力以及数字化创新能力等。在构建培训师的数字化胜任力模型时，可以分成以下四步来完成。

（一）确定样本

因为数字化胜任力模型是区别数字化培训师与传统培训师的集合，所以先要将数字化内训师样本与传统培训师样本确定下来。并且将访谈对象划分成两组，即数字化培训师组和传统培训师组，然后再分别对其开展行为事件访谈。

（二）行为事件访谈

分别对这两组访谈对象开展行为事件访谈，主要以企业培训师的各种数字化能力、真实的成功或失败的培训事件等作为访谈内容，与此同时，通过STAR 面试工具来保障行为事件访谈的有效性，与相关专家一起对收集到的访谈记录开展数据分析与有效性确认。

（三）编码和解码

通常来说，数字化培训师会展现出不同于传统培训师的特质与数字化能力，而这正好是我们所需要的“编码”的信息。根据特定的原则分类这种特质与数字化能力，并划分层级，最终就得到了符合企业实情的体系，可以展现出数字化培训师和传统培训师之间的差异，而这就是能力模型。

（四）完成模型编制

在完成了“编码”与“解码”以后，细分数字化培训师的能力模型。通过多种方式，比如，问卷调查、数字化设备应用、数字化课程开发等来验证数字化胜任力模型，然后对其作出修订，从而形成最终的成果，并且将其当作企业数字化师资培养体系构建的重要基础。

二、选拔体系：规范人才筛选流程

在企业数字化师资培养体系的构建中，企业数字化培训师选拔是其必不可少的第一步，主要包括三项工作，即借助各种新兴数字化技术来设计选拔标准、选拔方法以及选拔流程。想要顺利地将企业数字化培训师选拔出来，就需要依托于数字化技术的精确完善的选拔标准、科学高效的选拔方法与合乎情理的选拔流程作为重要的技术支撑，并且这三者之间需要紧密地配合，同时还需要采用正确无误的选拔原则来指导整个选拔过程。

（一）“一型两翼”的选拔标准

“一型两翼”可以让企业数字化培训师的选拔标准变得更加精准。这里所说的“一型两翼”，实际上分别是指数字化胜任力模型、个人意愿以及个人素养。采用“一型两翼”的选拔标准，不但把注意力重点放在企业培训师的数字化胜任力上，而且更需要特别关注潜在对象的内在动机以及外在个人素养，尽可能地为企业选拔出数字化胜任力、内在动机与外在素养皆兼备的企业数字化培训师。与此同时，针对不一样的选拔指标，需要设计不一样的选拔方法，以便保证对潜在对象所作出的评价是真实而客观的。

（二）“高效快捷”的选拔方法

“高效快捷”的选拔方法可以让企业数字化培训师的选拔更加科学、高效。针对同一个的选拔指标，可以借助多种数字化技术与选拔方法来选拔潜在的数字化师资对象。在合理应用数字化技术的前提下，以现实情况与实际需求作为依据，将具有针对性的选拔方法确定下来。在企业数字化培训师的选拔过程中，利用各种数字化培训系统与平台，比如，虚拟仿真培训系统等来创新使用专业化的企业数字化培训师在线测评，迅速地形成企业数字化培训师的测评报告，有效地指导企业数字化培训师的选拔决策。

（三）“四步规范”的选拔流程

严格遵从“四步规范”，可以让企业数字化培训师的选拔流程变得更加合理。通过四个步骤，即第一步发通知，第二步初审核，第三步评能力，第四步定人员，候选人最终通过所有的审查之后，就可以成为企业数字化讲师，然后参与企业数字化师资培养体系的深度培养。

三、认证体系：保障教学效果质量

企业数字化培训师认证体系以数字化课程作为核心，要知道企业数字化培训师的认证不是以“人”作为单位的，而是以“数字化课程”作为单位的，而企业数字化培训师通过认证以后会成为某门数字化课程的认证培训师。倘若企业数字化培训师要讲授新的数字化课程，那么就一定要通过新的认证程序，在顺利通过认证以后才能够开课讲授。因为企业数字化培训师经过认证以后，才有资格被聘任授课，才有能力开发数字化课程。

（一）申请

在盘点公司内部数字化培训课程，或者其他发出聘请的公司的数字化培训课程以后，会将所有的数字化培训课程统计出来。企业数字化培训师以已经有的数字化课程作为依据至少选择一门数字化课程来申请数字化课程认证。

（二）试讲

在通过选拔与培养之后，企业数字化培训师的授课能力基本上能达到合格水平，所以数字化课程认证中的试讲考察的主要是企业数字化培训师对该课程的理解程度，以便确定其是否有能力来讲授这门课程。如果企业数字化培训师主动提供自己开发的数字化课程课件与学习资料，那么该企业数字化培训师是可以得到加分的。

（三）认证

企业数字化培训师通过了试讲以后，就正式成为了这门数字化课程的认证培训师，然后就会收到“数字化课程认证证书”。

四、聘任体系：激励讲师能力输出

企业数字化培训师聘任体系通过把数字化培训师资源的优化配置和激励制度有机地结合在一起，在企业培训师的内部形成比较激烈的竞争环境，促使企业数字化培训师熟练地掌握好几门数字化课程的讲授与开发能力或者获得能力等级的提高，从客观上提高企业数字化培训的质量与效果。

企业数字化培训师聘任体系与培养体系、认证体系与考核体系之间是相互独立存在的关系，但彼此之间又存在着一定的联系。通过了选拔的企业数字化培训师只能确定其数字化培训师的身份，能参与培养，依旧没有资格讲授与开发数字化课程；企业数字化培训师经过培养之后，数字化能力得到较大的提高，并且通过阶段考核之后还能晋升培训师层级，但是依然不可以讲授与开发数字化课程；企业数字化培训师经过认证之后，成为某门数字化课程的认证培训师之后，才有资格被人力资源部所聘任，但是这个时候依然不可以讲授与开发数字化课程；企业培训师只有被人力资源部所聘任以后，才能够讲授与开发数字化课程。

五、成长体系：规划讲师培养路径

采用企业培训师数字化胜任力模型作为重要基础，对企业培训师的数字化能力加以归纳，并将其分成四个模块，即“演”（即数字化设备操作能力）、“编”（即数字化课程开发）、“导”（即数字化教学技巧，也就是数字化教学方法）与“控”（即数字化互动技巧），分别与企业数字化培训师的级别相对应，并且依靠分类别、分阶段的两年培养规划设计，来提高企业数字化培训师“演”“编”“导”“控”的四位一体综合能力，使其成长为能力出众的数字化培训师。

开发“数字化学习路径图”，规划数字化培养路径。为所有需要学习的数字化课程一对一地构建了独具特色的数字化学习路径图。在数字化学习路径图中，细致而有针对性地规划所要学的每一门课程的学习时间、学习内容、学习方式以及考核方式，只要严格遵从数字化学习路径图，就能够有效地完成数字化培训目标。

综上所述，在数字化时代，借助各种数字化技术，构建企业数字化师资培养综合体系，可以有效地改善企业培训师培养体系的不足之处。对于传统企业培训师的培养来说，引入数字化教学理念、教学方法，利用数字化技术构建数字化培训系统或平台等，是一次重大的培训变革，大大改善了企业培训师培养中存在的诸多问题，比如，培养规划不科学、培养内容不清晰、培养管理不到位等，为企业数字化培训师的健康成长提供了科学的向导，使企业数字化师资的培养迎来了一个新状态，从而为企业的数字化师资力量的积累提供了安全可靠的保障。

第四节

电力数字化学习平台设计

现如今，企业以网络作为基础开展培训和研究平台，采用大数据、数据仿真等数字化技术与网络技术建设不受空间限制的更加灵活、高效的多元化学习平台，使之有效地弥补了传统培训中的缺陷。为更好地适应网络数字化培训的快速发展，创建一个灵活便利、长期稳定的学习平台，支持讲师与内训师协作，借助虚拟仿真等各类新兴数字化技术，建设数字化创新学习平台。

广东电网培评中心所建设的虚拟仿真课程资源，是需要一个平台承载和运营的，本节将介绍电力数字化学习平台的应用。

一、技术构成与部署

随着南方电网公司推进“185611”战略，机巡作业、机器人巡检、数字化变电站等相关新技术、新设备在一线得到全面推广。一线班组急需能够支撑在现场作业环境下使用的多人培训协同、现场设备原理和拆解训练的平台体系，满足现场培训师资、员工等多种角色的培训学习。

电力数字化学习平台（见图 2–5）基于 5G、大数据、虚拟仿真、云计算等数字化技术的应用，提供界面友好、直观形象的交互式虚拟培训环境，有助于促进学员主动学习与探索。提供的声音、图像、文字多种资料形式使得多种感官多维刺激，有助于学员高效转化培训内容。采用超文本与文件形式组织与管理培训资源，触发思维联想，创建新旧知识与技能之间的关联。

图 2–5　电力数字化学习平台

（一）应用的数字化技术

电力数字化学习平台是基于虚拟仿真等数字化技术的 Web 应用系统，在技术构建方面，可以分成两大部分，即网络通信层与数据中心层。其中，网络通信层通过以太网络、云计算、移动网络、VPN 以及 5G 技术来保证学员在登录该数字化创新学习平台之后，保持高速且顺畅的网络通信。而数据中心层包含用户数据、虚拟仿真实操数据、班组训练数据以及统计工具，通过对学员在该数字化创新学习平台上培训时各种数据的收集与管理，培训师可以根据这些数据调整培训实操教学。电力数字化学习平台技术结构见图 2–6。

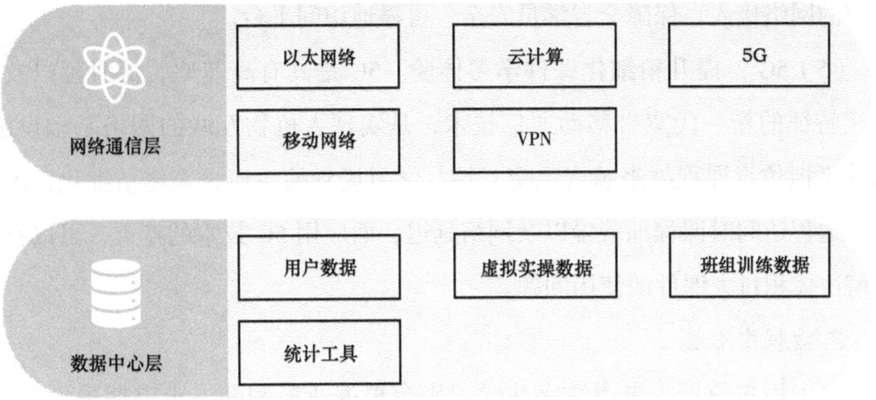

图 2-6　电力数字化学习平台技术结构

1. 网络通信层

（1）以太网：避免高并发造成网络拥堵。以太网是现有局域网采用的最通用的通信协议标准，当一定数量的学员并发使用电力企业大学时，可以解决复杂的应用程序以及持续推动网络流量达到新高，避免造成关键连接带宽不足。随着不断下降的使用成本，特别是在虚拟仿真实操训练趋于协同训练的环境下，通常需要共享大量实操资源，提升学员的整体使用体验。

（2）云计算：简化平台资源管理工作。云计算为电力数字化学习平台的用户提供可用的、快捷的、便利的、按需的网络访问，使其进入可以配置的网络、存储及服务计算等虚拟仿真课程课件库，使用教学资源。应用云计算，实现管理员不需要投入太多的管理工作，也不需要较多地与服务供应商交互，就能使用运维平台的资源，提升管理效率。

（3）移动网络：丰富多场景教学形式。电力数字化学习平台应用移动网络，实现通过移动端设备与公共网络相连接，保证用户便捷访问学习平台。基于移动网络的可实现多种教学形式，在无法现场演练的场景下，通过电力数字化学习平台实现在线模拟演练，避免高成本和高危险的作业问题。

（4）VPN：保障网络安全访问。基于 VPN 技术使电力数字化学习平台，可以在低廉建设成本和运营成本的环境下，与各地市局共享网络基础设施与学习资源。通过广东电网培评中心的公用网络创建安全的连接，用于地市局用户的网络接入，保障全省学员安全、可靠地访问平台。

（5）5G：提升精细化课件学习体验。5G是具有高速率、低时延以及大连接特征的新一代宽带移动通信技术，是实现人机物互联的网络基础设施。随着虚拟仿真课程越来越聚焦交互性，学习场景的建模越来越精细化，因此带来远程访问时课程加载慢以及网络延迟，而应用5G技术的特点，可以有效地解决体积过大课件的使用问题。

2. 数据中心层

（1）用户数据。电力数字化学习平台根据业务侧的需求定期采集学习、考核等数据并开展统计，输出多维分析视图和所需相关统计表单。业务侧提供学员的学习进度、学习偏好、考核成绩以及岗位能力提升参考等，以此为业务提供培训改进计划。在实施培训过程中保证良性互动，为培训管理者提供培训评估和决策依据。

（2）虚拟仿真实操数据。虚拟仿真实操数据是学员在一定周期内完成虚拟实操训练的数据，学员完成一项虚拟场景实操训练后，平台会结合学员的过往数据对学员的岗位能力评估，提供学员的待提升能力参考、下阶段能力提升安排建议等数据，并将此信息共享其直属领导，已达到强化监督跟进的作用。

（3）班组训练数据。班组训练数据主要是提供给班组长了解班组技能训练的整体情况，作为下阶段班组培训教学规划的参考。班组长在平台按照培训课程类别筛选好培训计划，下发给班组成员，班组成员按照事先设定的学习计划完成学习任务。班组长就可以通过电力数字化学习平台了解班组目前的平均能力水平，哪些已经满足岗位要求，哪些需要持续改善提升。

（4）统计工具。统计工具是指电力数字化学习平台提供给学员统计个人学习进度、个人考核结果、职业路径规划、班组训练水平等的数据统计工具，可将所使用的搜集、整理、计算与分析相关培训管理数据呈现可视化图、报表、文档等形式。

总而言之，数字化创新学习平台通过各种数字化技术，在技术方面构建了一个先进的数字化学习（培训）平台，有效地促进了“打造最实用的数字化培训”这一目标的实现。

（二）平台技术部署流程

通过平台和资源的整合，满足网络环境标准、软硬件设备配置标准的地市局培训基地，能够根据本地化的网络环境及设备资源等实际情况快速部署。电力数字化学习平台的技术部署，需要配齐应用服务器、大屏主机、移动终端、VR 头显设备等相应的软硬件。如需在其他地市局开展虚拟仿真常态化培训，都可以标准化技术模式快速开展部署工作。

1. 梳理网络环境

根据推广单位现有网络环境，对带宽、网络安全要求、局域网环境、电脑配置、路由器网关等设备级别进行逐一确认，整理成网络环境情况表，用于下一步比对。

2. 确定部署方式

完成网络环境梳理后，和推广单位相关负责人商讨确定具体的部署方式，以最简便不占用基地过多资源为前提，利用好现有网络连接设备、教学机电脑等硬件设备确定部署方式。

3. 软硬件部署

软硬件设备清单见表 2-6。大屏展示套件中的大屏主机为高性能主机，具有 I7、GTX1070、16GB 内存与 SSD 等配置。可以用于 3D 模型库的 Web 访问、网络培训平台 Web 访问、运行 3D 模型库大屏端程序以及运行虚拟仿真课件等需求。

表 2-6　软硬件设备清单

序号	名称	规格说明
1	应用服务器	CPU：XeonE5-2620V4*18 核 内存：DDR42、400MHz、32GB 硬盘：SAS*22TB 操作系统：Ubuntu16.0、4.4LTS

续表

序号	名称	规格说明
2	打包服务器	CPU：XeonE5-2620V4*216 核 内存：DDR42、400MHz、16GB 硬盘：200GB 操作系统：WindowsSever2008R2
3	后台服务器	CPU：最小 200MHz，推荐 559MHz 以上 内存：最小 4GB，推荐 8GB 虚拟内存：物理内存的 2 倍 硬盘：1.5GB 临时磁盘空间：100MB 显卡：256 色 操作系统：win764 位 /win864 位 /win1064 位
4	大屏展示套件	大屏主机： 外观：塔式工作站 CPU：Inteli7-8700 六核心十二线程 内存：16GB、DDR42、666MHZ，最大支持 64GB 显卡：GTX10708G 独显 DDR5 硬盘：2TB ＋ 256GB SSD，最大支持 4TB 显示器：23 英寸显示器 浏览器：Chrome68.0 以上 投影设备： 投影尺寸：30 ~ 300 英寸 亮度：3000 流明，高亮度 分辨率：1920 × 1080dpi 光源技术：三片 LCD、UHE 灯泡 接口：VGA、双 HDMI 噪声 (dB)：37dB/28dB 其他：投影幕布、安装辅件
5	移动终端	处理器型号：苹果 A91.8GHz 存储容量：32GB 屏幕尺寸：9.7 英寸 2048 × 1536 264PPI WIFI 功能支持，蓝牙功能支持 摄像头：双摄像头（前置：120 万像素，后置：800 万像素） 电池：续航时间 10h 左右，具体时间视使用环境而定 传感器：内置加速感应器，环境光线感应，指纹识别传感器，三轴陀螺仪，气压计
6	VR 头显设备	根据 VR 课件所需头像型号进行确认
7	AR 眼镜	用于 AR 课件使用

在地市局培训基地推广与体验使用，需要在体验培训区域搭建独立的网络运行环境。部署独立网络运行环境，在网络安全上实现了物理上的运行隔离策略。采用无线网络和有线网络结合的方式，实现虚拟仿真内容在移动终端、PC 客户端为用户展现不同的应用场景，移动端展示虚拟模型、流程等操作，PC 客户端用户体验沉浸式虚拟仿真环境模拟真实操作。部署所需模型库和后台管理安装软件清单分别见表 2–7 和表 2–8。

表 2-7 模型库安装软件清单

软件名称	说明	安装机器	提供方
Oracle12c	导入所需数据库	服务器	Microsoft
PlSQLdeveloper12	oracle 可视化工具	服务器	Microsoft
企业大学模型库系统	用于网站的部署	服务器	森元

表 2-8 后台管理安装软件清单

软件名称	说明	安装机器
JDK	提供 Java 运行环境	服务器
Tomcat	作为上传资源的保存目录	服务器
Mongodb	系统主数据库	服务器
Robomongo	Mongodb 可视化工具	服务器
Redis	作为缓存	服务器
Nginx	静态资源反向代理服务器	服务器
Apache_openoffice	OFFICE 转 PDF 软件	服务器
Qydx.apk	企业大学 Android 端	Android 手机
QYDX.exe	企业大学桌面版	服务器

每一个虚拟仿真应用课件，模拟真实环境中的作业场景与流程，为了保证体验效果最少要配置两套 VR 虚拟仿真设备。

4. 调校与测试

为了确保良好的体验效果，需要对设备与各终端开展联合调校与测试，同时检查与调试物理设备的连接、网络信号的联通性、应用环境的稳定性、应用软件运行的流畅性。

第一，检查物理设备是否都属于正常安装连接。

第二，检查所有设备之间的网络是否可以相互正常访问。

第三，检查定位摄像头是否可以被定位软件正常管理，并且坐标定位正常（在虚拟仿真房间的屋顶四周安装的定位摄像头，需要与 VR 眼镜、VR 手柄进行空间坐标的标定，保证虚拟场景中的人、物空间位置正确）。

第四，检查大屏展示主机、VR 虚拟仿真主机运行的虚拟仿真管理客户端是否可以正常运行。

第五，检查核心引擎管理软件是否可以正常运行，是否能监控终端设备的运行状态。

第六，检查核心引擎管理系统是否可以正常管理 VR 眼镜、VR 手柄以及 VR 体感设备的定位器。

第七，检查核心引擎管理系统，是否可以管理各终端启动虚拟仿真应用。

二、赋能中心功能设计

数字化创新学习平台的设计目标为真正地实现培训教学资源最大化共享与跨平台的信息资源利用，形成一个具有先进的技术、完善的功能、较强的实用性且高效稳定、完整统一、安全可靠的基于虚拟仿真技术的数字化学习平台。在数字化创新学习平台的构建中，赋能模块是其至关重要的组成部分，必须要给予高度的重视。数字化创新学习平台的赋能模块包括四大部分，分别为知识管理中心、培训体验中心、仿真认证中心与工作辅助中心，见图 2–7。

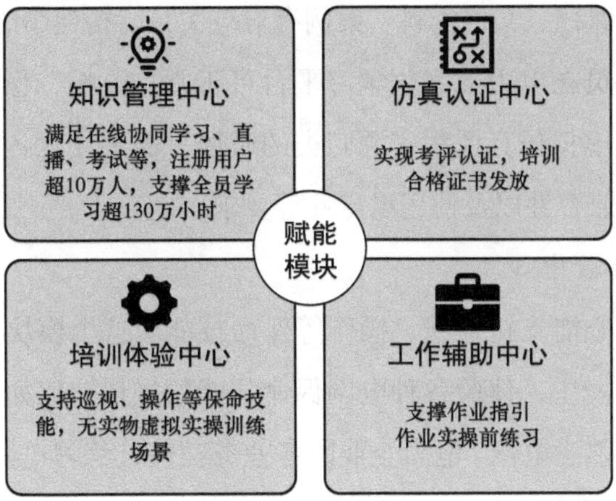

图 2-7 电力数字化学习平台四大赋能模块

（一）知识管理中心

此模块的功能为满足学员在线协同学习、直播、考试等，包括多方面的内容，以资源管理为例。课程资源是学员线上协同学习重要基石，广东电网培评中心聚焦一线员工培训需求，已经成功地开发了一系列针对安全生产、技能培训、设备操作等类型的虚拟仿真培训资源。培训资源归类后包括：

1. 课程资源

课程资源包括 VR/AR/3D 模型类资源，为学员设计的包括学习目标、相关知识点内容等要素的完整教学单元，课程内容与作业标准、岗位胜任力要求之间存在着直接的关联。

2. 文档资源

文档资源包括 DOC/PPT/EXCEL/PDF 等类型资源，合法合规的来源，符合公司管理要求，不存在政治问题的相关知识、信息。

3. 案例资源

案例资源包括文字、视频、语音、图文等形式案例，可以在线上平台运行，来源于员工日常实际工作的案例总结。

4. 考试资源

针对某一指定知识点、目标设计和开发的测试、考试题目，带答案和评分标准，尽量与课程、文档资料、案例有对应关系，构建学练考一体化培训。

为了确保学员在电力数字化学习平台可正常、流畅、稳定使用各种虚拟仿真资源，在对虚拟仿真课程资源归类的时候，需要注意各种资源的技术要求、格式要求、兼容性以及使用稳定性等要求。

（二）培训体验中心

培训体验中心能支持巡视、操作等保命技能。这个模块可以让学员沉浸在虚拟仿真的环境中，体验各种电网保命技能的操作。比如，学员可以在这一模块的训练中熟悉电网/电力企业的各业务技能，练习电网保命技能技巧，积累解决突发问题的经验，从而提高学员对电网保命技能的理论知识的理解以及相关实操能力。

（三）仿真认证中心

学员是否已经达到技能合格水平，可以通过这一模块来验证。当学员完成电网保命技能的培训之后，可以参加这一模块的考评认证。如果学员顺利地通过了仿真认证中心的考评认证，那么就可以拿到相应的培训合格证书。如果学员在仿真认证中心的考评认证以失败告终，那么证明学员没能完成培训任务，无法获得培训合格证书，可能需要再次接受培训。

（四）工作辅助中心

这一模块的功能是支撑作业指引，作业实操前的练习。电网/电力企业生产具有一定的危险，如果学员可以在培训的过程中提前练习，那么学员的作业实操安全性会得到大幅度的提高，这也是学员参加电网保命技能培训的主要目的。而工作辅助中心这一模块就是帮助学员在虚拟仿真的环境中完成实操练习的。

为更好地满足员工的各项培训需求，有效地提高员工专业技能水平，培训企业就应当顺应数字化时代的潮流，构建知识管理中心、培训体验中心、仿真认证中心与工作辅助中心四位一体的电力数字化学习平台，真正地实现员工在线学习、虚拟仿真实操培训、大场景仿真培训与考评以及工作辅助等业务功能。

第三章　虚拟仿真培训体系开发

虚拟仿真培训体系包括虚拟仿真课程开发、数字化师资队伍开发、电力数字化学习平台开发应用，不是孤立存在的，它与企业的战略发展和业务需求相匹配，是一个长期持续进行的工作。应用虚拟仿真技术和培训思维对企业深度挖掘和开发符合业务需求的培训资源、基于数字化胜任力识别和开发师资能力、依托数字化信息手段利用学习平台推动资源的广泛覆盖和丰富师资教学场景是虚拟仿真培训体系开发的重点。

只有掌握这些开发能力，才能将虚拟仿真培训体系的建设与应用工作做好，才能持续且常态化打造最实用的数字化培训。

第一节

虚拟仿真课程应用开发

一、收集与确认开发需求

电网虚拟仿真培训需求一般从覆盖范围层面可分为群体需求和个体需求，从时间维度上可分为长期需求和短期需求。广东电网培评中心在需求访谈和分析中，重点聚焦有普遍存在、可长期辅助员工提升能力的需求。这些需求是访谈不同部门、不同岗位、不同层级而产生，是基于企业以及业务未来发展的要求来确定和分析的。访谈分析出的需求满足岗位胜任能力，侧重专业技术和技能模块的课程课件开发需要，开发符合一线作业关键场景的虚拟仿真课件。

（一）需求收集的三种方式

1. 面谈法

成立 2~3 人的培训需求调研小组，包括项目负责人、现场运营人员、技术运维人员，前往有开发需求的地市局培训基地，通过与被访谈对象开展直接对话，获得培训设计和实施的相关信息。提前准备好需要访谈提纲，与相关需求提出人员人面对面访谈。在培训需求访谈时，针对专家、内训师、新员工等不同级别的人员要根据具体情况选择面谈内容，需要重点明确什么信息是最有价值的以及必须了解到的，从需求人员的陈述中总结和提炼，判断培训需求产生的根本原因。面谈法开展的流程见图 3-1。

2. 问卷调研法

问卷调查法也是比较常用的一种方法。标准化的问卷形式列出一组问题，列出希望了解的事项清单，要求调查者打分或是做出选择。基于需求访谈的提纲设计问卷的问题，问卷的形式可以包括开放式问卷、封闭式问卷以及探

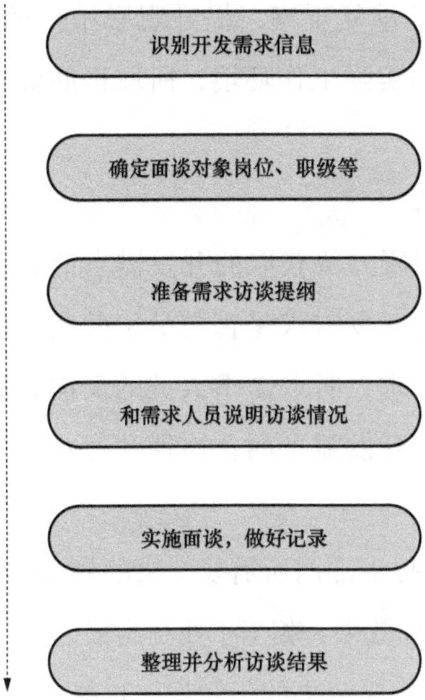

图 3-1　面谈实施流程

究式问卷三种。

开放式问卷：主要作用是发掘需求人员的想法和深层需求，使用“什么”“如何”“为什么”和“请”等词语，而不用“是”或“否”来回答。例如，“你为什么愿意参加虚拟仿真培训”。

封闭式问卷：主要作用是限制所能收集到的需求信息范围，只能用“是”或“否”来回答，或者用选择题的形式表达，例如，“你是否参加过虚拟仿真培训”。

探究式问卷：主要作用是缩小收集需求信息的范围，更加具体化，使用“多少”“多久”“谁”“哪里”“何时”等词语。例如，“你认为虚拟仿真培训安排多长时间比较合适”。

3. 现场观察法

现场观察法是前往作业现场，了解技能人员的工作技能、态度、表现，利用较长时间来通过多种角度、多个侧面观察员工现场作业的问题，是清楚员工作业表现的最佳方式，进而判断实际开发需求。现场观察要尽量使用隐蔽的方式，多次且重复观察，提升观察结果的准确性。通过观察法，可以了解到技能人员的实际工作环境，所取得的资料与培训需求的关联性更高。

（二）开发需求确认

将通过各类访谈调研方法获取的开发需求信息汇总归类，形成初步开发需求。为明确初步的开发需求是否与员工的实际开发需求相匹配，需要与需求人员确认开发需求，听取需求人员的反馈意见，查漏补缺，以此完善开发需求，最终保证开发需求的普遍性和针对性，为课程开发提供信息支持。

找问题：找出需求提出部门所需要解决的核心问题是什么，或者找到需求部门所期望达成的培训效果。相当于找到病根，所有的药方要据此开药。

定内容：因为培训主要解决的是知识、技能、潜能层面的问题，因此需要从这三个角度去确定和分析，哪些可以通过虚拟仿真培训解决，可以解决的问题需要匹配的虚拟仿真课程、教学方式、实施方法等。

定对象：确定出解决这些问题需要接受培训的专业群体，并分析这类群体的基础信息的共性和差异、学员能力现状以及学习风格描述等特点。

（三）撰写需求调研报告

在确认开发需求后，需要整理、汇总以及分析开发需求，并撰写培训需求调研报告。介绍需求调研的概述，例如调研的方法、工具，调研的对象、数量等，描述培训管理者所理解的对方需要解决的问题或者期望达到的效果，以便向对方汇报时进行二次确认；选定学习内容，从此处剥离出培训能解决和不能解决的问题点，能够解决的选定什么样的学习内容；设定的目标学员信息，让对方知悉，虚拟仿真培训项目将会有哪些职能角色参与进来，哪些群体需要培训和学习。还可以罗列一些非培训能够解决的问题的建议，这一点的提出是为了让培训需求提出者能够知道我们已经完整的调研了，并且能够了解到对方的期待，但我们只能够提供的是关于培训的支持。管理客户的期望值，保证最终的培训满意度和效果达成。

二、确定开发课程类型

广东电网培评中心在2016年底就引入虚拟仿真技术制作培训课件，并建设广东电网重点实验室——虚拟现实和增强现实实验室。基于虚拟现实技术的数字化课件，融合了计算机图像技术、网络技术以及第三代仿真技术各自的优势，配合业务部门需求开发3D安全生产类课件、VR/AR技能培训课件、PC端沉浸式变电技能培训课件等，以此满足各类专业的培训需求。如何选择适合目标学员的岗位能力要求、专业特色、预期目标、媒介选择的虚拟仿真课程类型，是开发课程前的核心问题。

选择开发课程类型是基于对学习对象技能培训特性、培训内容特点、学习风格描述的认知和转化，最终确定适合学习对象常态化培训的课程类型，一般可分为交互类虚拟仿真课件与视频类虚拟仿真课件，见表3–1。

表3-1 交互类和视频类虚拟仿真课件说明

开课程类型	工作说明	输出成果	平台应用	推广应用
交互类虚拟仿真课件	基于业务需求撰写脚本，并基于选定的平台和终端开展交互程序开发	可独立安装的程序文件，或者可发布到指定的既有管理平台	需要有统一的平台管理，需要满足日常培训班的实施使用，解决内部部署问题	为讲师提供可交互的实操讲解工具，为学员提供模拟训练的平台
视频类虚拟仿真课件	基于业务需求撰写脚本，并进行3D动画制作	视频格式的文件	可发布到其他网络培训平台	可满足移动学习和课堂教学需要

（一）交互类虚拟仿真课件

聚焦学员与虚拟场景的互动与反馈，一般应用于技能类实操培训。交互类虚拟仿真课件允许用户与课件互动，对用户的操作给出及时的反馈和评价，该类课件按互动水平可分为初级和高级两种。初级互动型课件允许用户通过菜单或导航按钮随意浏览课件内容，它需要多媒体制作软件进行编辑，具有互动多媒体功能；高级互动型课件增加了VR技术，需要专门的制作软件，来创建虚拟的学习环境，允许用户以任意角度浏览对象的内外结构，并可对虚拟环境中的对象进行各种操作，实现虚拟展示、实验和仿真模拟等功能。

基于广东电网成熟的3D模型库平台，开发可连接内部专家讲师的3D课件自主配置模式，基于3D模型素材，开发业务逻辑规则，让内部专家讲师按照授课的需求辅助其配置生成交互式3D课件。

（二）视频类虚拟仿真课件

注重理论辅助教学，一般应用于安全事故案例以及设备模型拆解演示。根据课件脚本制作3D模型，为模型添加模拟对象运动的动画，生成的动画片段可以用影视编辑软件进行编辑、合成等加工操作。将动画与图像、文本、音频等多媒体资源编辑组合成可以展示对象运动规律或工作原理等现象的课件。与3D视频动画演示类似，它也是一种直接播放式课件。明确和定义清楚相关技术细节指标，按照课件的标准来制定规范，太高的标准、太低的标准都有问题，都无法长期的支撑视频类3D课件的开发和应用。

基于以上的说明，企业课程开发人员可结合各类虚拟仿真课件的特性以及教学场景的应用，选择合适的开发方式和展现形式，有效地帮助电力员工提高自身素质与技能的实操能力。

三、梳理课件组成元素

虚拟仿真课件在体系结构上包含：引擎、脚本、图形用户界面、模型、纹理、音频和底层支持结构，组建了虚拟仿真课件。

（一）引擎

引擎提供虚拟仿真课件开发环境中的大多数重要功能，例如3D场景渲染、网络连接、绘图等。引擎封装了真实世界的各种特征（如时间、运动、重力作用和其他物理规则等），令开发人员能直接与制作出来的虚拟仿真课件交互，从而可创建出更加引人入胜的虚拟环境。

（二）脚本

引擎可完成较为复杂的工作（如图形渲染、网络连接等），脚本可将这些功能组合到一起，使得虚拟仿真课件生动、形象，并遵循一定的规则。通过脚本的编程功能，可创造出复杂且富有特点的虚拟仿真课件。

（三）图形用户界面

图形用户界面一般是指各种图像和控制虚拟仿真课件视觉外观并接受用户控制输入的代码组合。主菜单或选项菜单、工具、对话框以及各种课件运行中的消息系统也属于图形用户界面的范围。

（四）3D 模型

3D 模型是虚拟仿真课件的基本灵魂，任何不属于 GUI 的可视对象都是某种类型的模型。3D 对象的模型数据包括形状、外观以及基本的物理特征等。形状主要有基本形体（如立方体、球体、岗柱体、岗锥体等）、文本，以及由点、线、面构造的任意几何造型；外观数据主要有表面纹理、材质、颜色；物理模型则是综合体现对象的物理特性，如重力、惯性、表面柔软度和形变方式等，它们将给课件中对象模型营造更大的真实感。物理建模主要包括碰撞检测、表面变形和受力计算等。

（五）纹理

在 3D 场景中渲染模型时，纹理是非常重要的一个部分。纹理确定所有模型在渲染时的外观，不仅能够增强模型的视觉效果而且还能降低模型的复杂度，从而增强虚拟仿真课件的表现力。纹理图像数据都是以像素矩阵形式存储，即用一个矩形数组来表示某一图像，每个像素包含多位信息（如：红、绿、蓝和 Alpha 值）。常用的纹理图像文件的格式有：BMP、DDS、DIB、JPG、PNG 和 TGA。

（六）音频

按用途可将其形式分为音效（如风声）、语音（如旁白）和音乐（如背景音）。音效指声音的特殊效果，如雨声、铃声、机器声、动物叫声等，可以是从自然界中录音所得，或采用人工模拟的方法制作，其中最常见的一种声音形式是音乐。声音在虚拟仿真课件中能产生前后联系的情境，通过声音能够向使用者提供事件的发生、背景变化方面的听觉提示。巧妙、恰当地使用声音对制作一个优秀的虚拟仿真课件是非常必要的。

（七）底层支持结构

虚拟仿真课件的底层支持结构主要包括数据库、自动更新工具、Web 站点、支持论坛以及各种管理工具。

四、设计课程结构

课程教学设计包括交互功能设计、课件界面设计以及课件脚本设计，确定导航、漫游以及各种操作交互模式，构建课程场景架构，在科学性与逻辑性的统一原则基础上，完成界面设计，最后形成课件制作设计。课程教学设计流程见图 3–2。

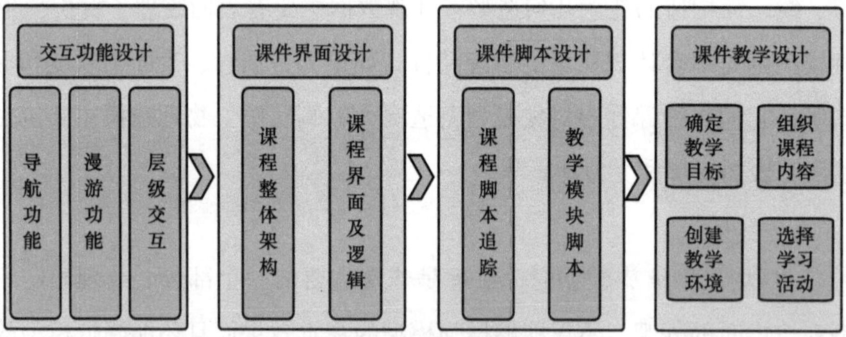

图 3–2　课程结构设计流程

（一）交互功能设计

虚拟仿真课程具有强交互的特点，学员借助设备与虚拟场景进行交互，实现与虚拟情境进行信息交流与传递的双向活动，在开发虚拟仿真课件中交互功能主要有导航、漫游、操作互动等功能。

1. 导航功能

导航功能设计可以实现课件的非线性交互学习，使学员可以自主地选择学习内容，主要包含场景切换导航和视点切换导航。场景切换导航实现用户在不同场景界面的跳转链接，自主选择学习内容。学员在虚拟场景中只需切换设计者添加的不同视点切换按钮，就可以从不同角度观察虚拟世界。默认状态下视点的位置应被设置在最佳位置，将场景以最合理的视角呈现给学员。

2. 漫游功能

漫游功能使学员在虚拟空间中自由移动和浏览，为学员提供了一个不受任何约束和限制的空间，主要有自动漫游和自主漫游两种形式。自动漫游是设计者设定的漫游模式，演示给学员观看，具有示范场景操作控制的功能。学员也可自主选择浏览方式，即自主漫游，通过鼠标和键盘控制自己在场景中的移动方向和路径，便于自主探索学习。

3. 层级交互

层级交互主要是指与课件界面的交互，如菜单按钮，屏幕热点互动区域等，也包括学员在学习活动中的各种学习内容互动，如信息提示、互动反馈、搜索、探索问题等综合活动。在设计操作交互时，要注重课件场景中知识内容和媒体素材的组合和展示方式，创建操作互动提示信息，使学员根据反馈，实时调节自己的行为，不断促进对知识的深度理解。

（二）界面设计

越是情境化的内容，越能促进学员知识的迁移和主动建构。因此，为了给学员创建身临其境的沉浸感，需要创建与真实学习环境相似的虚拟情境，给教学活动搭建一个逼真的模拟平台，是交互式虚拟仿真课件设计开发的基本目标，主要内容包括构建课件整体架构设计和课程界面及逻辑设计。

1. 课件整体架构

作为支撑教学活动开展的虚拟场景，应与真实世界尽量保持一致。研究工器具设备的拆解，就需要创建一个与之相对应的虚拟 3D 模型，虚拟场景的创建要忠于现实。创建的变压器模型虽然不能完完全全地模拟真变压器运行，但基本上要符合客观现实，要确保科学性，否则会导致学员的认知偏差，易产生误解。

2. 课程界面及逻辑

在虚拟场景的课程界面及逻辑设计时，要把握科学性与逻辑性统一的原则。首先，基于虚拟场景占用大幅面的特点，界面的其他显示元素要简单明了，方便学员快速得到信息。其次，界面各元素，如色调等要保持统一、协调，不同场景之间，相关操作方式要尽量保持一致，减少学员的使用负担。最后，为更好聚焦学员的注意力，快速有效地传递教学信息，界面设计要美观大方，整体布局应当规整、均衡。

（三）脚本设计

脚本设计是以文字和图表的形式来具体展现教学设计的各个模块内容及其功能结构，课程脚本设计是制作课件的重要环节，已经被越来越多地应用到虚拟仿真课程的开发中。整体制作脚本用于确定课件开发目标内容以及整体结构，可以灵活调整；文字脚本确定各模块的实现形式，提供开发思路。课程脚本设计流程见图 3–3。

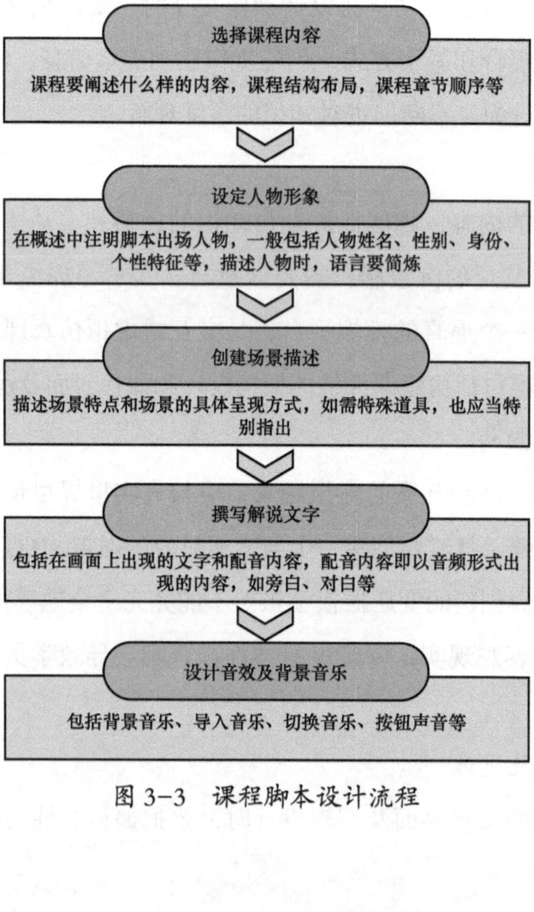

图 3–3　课程脚本设计流程

（四）教学设计

1. 确定教学目标

基于课程标准对教学目标划分为知识目标、能力目标与价值观的三维目标，虚拟仿真课件设计与制作所要达到的教学目标，通过设计的课件能帮助学员掌握知识技能、提高解决问题的能力水平，帮助学员独立思考等。在确定教学目标时，除了强调在虚拟仿真环境下知识与技能学习和价值观的培养外，在丰富直观的自然体验过程中，还应把握创造性思维理论规律，注重对逻辑、形象、直观等思维的培养，即开展的教学活动的教学目标始终围绕促进学员全面发展的核心而确定。

2. 组织课程内容

课程内容是教学大纲中规定的具体教学目标的体现，学习内容分析包含两个方面："学什么"和"怎么学"，其中"学什么"确定学习内容的范围和深度，"怎么学" 确定如何把教学中的知识内容通过课件传递给学员。学习内容的分析目的确定学习内容适合使用何种形式表现。虚拟仿真课件学习内容一般按照以下两个方面的分析：

（1）系统分析课程，合理选择教材内容。在组织学习内容时，各知识要素的整合要符合学科特征和教学规律，并能表现课程框架的系统性。不同的课程结构需要不同的教学模式，需要课件中采用灵活的交互模式与之相对。虚拟仿真课件设计实现时，要注意把握知识内容的重难点，更好地利用虚拟仿真技术特点来表现教学中抽象的不易理解的知识点，并广泛有效地运用的各种信息媒体资源，丰富学习内容，扩展课件的展示方式。

（2）依据学员的智力思维发展水平，组织学习内容。学员是虚拟仿真课件的最终用户，在开发以学习者为中心的课件时，选择的学习内容要符合当前阶段学员的知识基础和智力思维心理发展水平，不能过高也不能过低。选择的内容过高，学员会感到太抽象，难以理解；选择的内容过低，学员比较熟悉，不能引起其注意，无法激起学习兴趣。

3. 创建教学情境

情境认知理论强调知识必须在真实情境中呈现，知识是具有情境性的，虚拟仿真课件以其 3D 虚拟仿真的独特优势可以为教学创设具有探究性、趣味性的真实情境，注重使学员从具体经验和对情境的理解中提升知识认知能力。

（1）创建真实的教学情境。虚拟场景的创建应突出其真实感与生动性。虚拟仿真课件通过被赋予材质纹理的 3D 模型模拟自然事物，创造真实的视觉感官效果；通过文本、图像、动画、视音频等多媒体集成，创建直观形象的教学情境，调动学员的多种感官参与学习，引起学员注意力，有助于培养学员的形象思维和直观思维。

（2）创建探究性的教学情境。利用虚拟仿真技术构建的教学情境会产生丰富的想象力，利用虚拟仿真技术的空间性和交互性，根据学员的兴趣，搭建探究性教学情境，允许学员通过自主操作，漫游在虚拟场景中，移动到哪里学到哪里，未知的探索学习在满足学员好奇心的基础上，实现探究式的学习效果。

（3）创建趣味性的教学情境。驱动学员在场景中探索的好奇心，维持学习动机，需要在虚拟场景中添加一些趣味元素，可以在学员交互学习的场景中设置还原现实作业中的障碍，充分调动学员的手和脑。这种“趣味性”不仅增强了场景的逼真性，还能使学员能探索观察场景中的各种现象，“不知不觉”中掌握更多技能与知识。

4. 选择学习活动

进行上述分析之后，需要确定课件使用模式以及课件中媒体的组合选择，即如何利用虚拟仿真课件开展教学活动又成了一个难点。相对于真实的学习环境来说，虚拟仿真课件基于交互、导航技术所创建的虚拟现实环境给予用户最直接的感受，根据教学策略，可以将表 3–2 中的学习活动形式进行组合使用。

表 3-2 虚拟仿真课件的教学活动形式与学习内容对应表

教学活动形式	适用的学习内容
虚拟展示	微观世界和宏观世界中的事物，需要可视化来表现的某个虚拟实物或虚拟虚物

续表

教学活动形式	适用的学习内容
虚拟漫游	需要体验场景认知和感受方面的知识学习
虚拟过程	现实生活中一些无法看到的变化过程或变化太快、太慢的现象的模拟演示：需要可视化的程序性知识
虚拟操作	在现有条件下无法正常进行的实验或对人的生命有严重危害的实验
虚拟游戏	智力、逻辑思维的培养

五、虚拟仿真课件制作

（一）3D 图像建模

构建 3D 模型，可以指定任何几何形状，如地形、建筑物表面、设备工器具等。通过图像处理，生成不同视点的全景图像，再对不同视点的图像在空间上进行关联，从而生成具备立体空间感的虚拟环境的技术。3D 图像建模技术的核心思想是为用户搭建一个虚拟三维空间，利用第一人称视角模拟用户的观察范围和简单行为。这些简单行为包括用户可以在虚拟空间中进行前进、后退、跳跃、环视、仰视、俯视、近看、远看等操作，漫游于三维场景中，从而快速地实现虚拟系统的沉浸感和带入感。

1. 图像建模创建过程

（1）采集场景图像数据。利用计算机绘制、数码相机拍摄、全景摄像机摄录出相互重叠的照片和视频，以记录真实场景并转换为虚拟图形数据。

（2）图像插补与整合。由于一张照片只代表一个视点，若想在虚拟场景中实现多角度观赏景观的效果，则需利用固定视点的照片，通过差值计算的方式获得另一临近视点的照片，完成插补过程。整合是指将一定比例重合的同一视点的不同视角下的照片拼接起来，定位到两张图像重合的部分，消除重叠图像信息，最终将平面图像以“球形”方式生成立体空间。

（3）调度与重投影：将计算机存储的全部全景图与当前固定视点进行匹配，通过将当前观察方向可看到的全景图送到缓冲区，随后调用重投影模块将图像投射到中央平面呈现。

2. 3D 模型材质及光效制作

在设计和制作 3D 场景时，灯光对整个画面的效果具有举足轻重的影响，只有添加光照效果，才会逼真地显示场景中的模型。基于 3Ds Max 插件技术 V-Ray 渲染，实现模型材质与灯光效果图的制作。“渲染”是输出写实级平面效果图的重要技术，原理是通过调用光子图计算与模拟 3D 场景中的材质属性和灯光效果，所以，赋予模型真实的物理材质、添加写实的光效是渲染的关键所在。

在光效制作过程中，从不同角度为模型主体布光，具体的布光顺序是：首先，为 3D 场景添加平面光做为主光源，照亮整个场景空间；其次，从渲染观察角度添加片光源作为推进光，营造模型立体透视感；最后，在模型表面或边缘转折处添加点光源，突出表现模型细节结构，通过搭配调整三种光源强度参数值，增强明暗对比度，使得模型在渲染视点上具备纵深层次感，从而模拟出逼真的三维虚拟场景画面。一般光效可以分为四类，光源效果见表 3-3。

表 3-3　四类光源效果描述

名称	效果描述
方向光	使用沿着指定方向传播的平行光线填充场景，模拟远距离的光源
环境光	使用散射光线填充场景，模拟多云天气户外光照情况，物体表面上任意一点被照射的强度相同
点光源	从空间中的一点，向各个方向辐射光线，如模拟一个房间里的灯泡
聚光源	从一个点开始，以锥形向外辐射光线，如模拟一个手电筒

3. 添加摄像机

摄像机相当于 3D 场景中的观察者，需要在场景中添加一个摄像机才能观察到被照亮的模型。两种比较常用的相机类，即正视相机和透视相机。透视投影与照相机或者人眼观察事物的原理相同，其基本特点是对象距离照相机越远，成像越小，反之越大。正视投影下视口显示类似于平行的长方体，对象和摄像机之间的远近并不影响其成像的大小。无论哪一种相机，其在世界坐标系中摆放的位置、观察的方向和倾斜角度都会影响场景的观察效果。

（二）模型材质制作

在材质制作过程中，根据作业场景中各类设备各部分构件质感划分材质属性，统一为模型赋予材质球。利用材质编辑器为工器具、设备、人物等制作表面素材；此外，对高亮状态指示灯添加自发光材质。针对这些典型材质，主要通过调整“漫反射”“反射”“折射”等属性参数模拟出它们真实的物理特性。为使模型显得更真实，一般将采用纹理贴图片映射到顶点和三角形定义的模型表面上。

纹理材质通过提供图案纹理，添加模拟物体表面的反射等效果，可以逼真地再现对象物体的质地。在虚拟仿真课件的模型创建中，合理使用纹理材质，不仅追求的是同自然物象基本特征相一致的美感，还有效地传达了视觉体验，体现了科学性与艺术性的辩证统一。表 3–4 提供四个材质类及其使用效果描述。

表 3-4　四个材质类及其使用效果描述

名称	效果描述
漫反射材质	创建一个平的、无光泽的表面，它在各个方向上均匀地散射光线
镜面反射材质	创建一个有光泽的、高亮度的外观（就像金属和玻璃），它以相反的方向反射光线，像一面镜子
放射材质	模拟能够发光的表面，如电灯泡或者高温金属，它会向照相机发出可见光
混合材质	通过该属性可以组合多种材质，然后使添加到 MaterialGroup 中的顺序层叠材质

（三）3D 动画与交互实现

3D 动画与交互是指在虚拟场景中按照要表现物体的外观、大小、位置创建模型，并为对象赋予颜色及纹理材质，设置光源，然后为模型设定规定的运动轨迹，最后通过动态改变摄像机镜头来实现场景运动、漫游的模拟，输出生成动态画面。

3D 对象动画是 3D 模型正确呈现在屏幕界面和实现动画交互的基础。场景中的物体对象通过 Transform 属性实现其移动、旋转、缩放等变换。对模型进行变换时，其实是对定义模型的坐标空间——模型坐标系进行变换，以指定的方向或值来变换模型对象的所有点，而使三维场景全局坐标系中形成模型几何形状的值保持不变。

平移：通过 OffsetX、OffsetY 和 OffsetZ 属性来设置 3D 模型对象中各顶点的移动方向和距离。如 3D 模型从鼠标初始点击位置开始跟踪鼠标运动，实际是通过 x、y、z 三个方向上的平移操作来实现。鼠标左击时，可利用函数记录初始位置坐标，鼠标移动之后，得到新位置坐标，计算两者之间的 3D 平移矢量，再利用全局变换矩阵进行计算，完成平移操作。

缩放：通过 CenterX、CenterY、CenterZ 属性设置缩放中心，按照 ScaleX、ScaleY、ScaleZ 属性设定的缩放值来改变模型对象的大小。当屏幕显示中心在模型域内时，3D 放大、缩小操作的中心坐标设置为屏幕的中心坐标；当屏幕中心不在模型域内时，缩放操作的中心位置取模型域的中心点。以鼠标在 y 方向的移动幅度决定缩放比例，x、z 方向上采用同样的比例，再利用全局变换矩阵进行计算变换，达到缩放操作效果。

旋转：常用的 3D 模型旋转变换是指绕设定的轴或点旋转指定的角度。其实现过程是通过 Rotation3D 对象的 Axis、Angle 属性设置对象旋转轴和角度值。然后可以在 Rotation3D 上指定旋转轴 Axis 和旋转角度 Angle 来定义变换。

开发虚拟仿真培训课件的视频演示功能，在三维模型的基础上制作设备拆解和设备运行的三维仿真动画，为后期开发教学功能提供资源，分别包括：机械动画、相机路径动画、材质高亮动画。

（1）机械动画制作。制作工器具和设备动画的目的是真实模拟自然条件下的机构组成、工作状态、使用方式等过程，为学员演示零部件关键性工作原理，在一系列动态仿真的演示过程中，起到提高学生认知与动手操作能力的作用。对于机械动画而言，模型运动的主从关系是机械动画的关键。

在电力设备运行中，根据机械物理运动原理，各局部模型在坐标系中的变换既可以继承整体的旋转属性，又能够保持自身的旋转信息，所以，采用“父子链接”的方式进行制作，具体步骤如下：

1）绑定父子链接：确定模型旋转的主从关系后，利用“链接”工具为子物体指认父物体，将父物体作为第一层级（根）模型，将从动信息一致的模型归为第二层级模型，再根据二级模型下局部零件的相同从动关系进一步划分，作为三级模型，以此类推，逐级进行父子嵌套与链接。

2）记录模型运动信息：激活自动关键点，在时间轴上设置父子物体的旋转关键帧，使得子物体可以继承父物体以具备相同的旋转属性，同时，为模型设置延时帧，目的是使对象在开始下一次旋转变换前，能够保持上一次旋转结束时的位置与状态。通过上述操作，完成三脚架云台系统机械动画的制作过程。

（2）相机路径动画制作。制作相机路径动画的目的是模拟学生在同一虚拟场景中，从多角度、多视点、近距离观察影视拍摄设备的细节结构和运转功能，起到在特定视点刺激学生产生关键知识记忆点和加深学生图像记忆的作用。相比于机械动画，相机路径动画需使相机视点配合模型主从运动持续的时长进行变换，从而使相机在规定时间内线性地展示出全部机械动画。

具体做法是：首先，根据场景演示的关键视点绘制出平滑曲线作为运动轨迹，利用“路径跟随”命令将相机约束到曲线上，不限制跟随方向；其次，设置相机在轨迹上的位移和旋转关键帧，当其他模型开始运动时，利用延时帧将相机目标点固定在视点保持静止，当模型停止运动时，相机向下一视点移动。最后，通过相机的复合运动，实现视点移动、静止、切换、环游的效果，从而完成模拟学生视线、角度跟随主体对象运动发生变化的过程。

（3）材质高亮动画制作。制作材质高亮动画的目的是配合解说音频以帮助学生在观看仿真视频时快速定位到零件位置，起到吸引学生注意力、引导学习的作用。与其他动画的不同点在于，模型的运动信息保持不变，观察视点固定，但颜色信息跟随时间发生变化。

具体通过修改材质球中的“漫反射”属性，更改 RGB 数值，将红色作为警示色，利用关键帧使材质颜色信息被记录到时间轴上，同时，为保证材质闪烁频率的规律性，设置 3 个时长相等的渐变周期，从而实现模型材质高亮闪烁的动画效果。

（四）辅助资源制作

采用语音转换器录制人工配音，通过 Premiere 视频剪辑软件将配音音频、字幕、标注线、三维动画序列帧等辅助资源合成并输出格式为 MP4 的视频文件，导入 Unity3D 中作为虚拟仿真视频资源。

1. 录制音频

在语音转换器中选用标准模式，确定好音色后调整音量、声调、语速等属性参数至适中值，使声音具备停顿感以符合教学规范，确认试听效果良好后，对文本进行读取，输出格式为 MP3 的音频文件，导入 Premiere 中作为摄像知识点讲解的音频素材。

2. 创建字幕

根据音频内容创建字幕文本。首先，统一字体规范字幕格式，在位置上，水平居中文本以符合教学视频的规范；其次，为保证全部字幕在画面中都处于相同位置，在字幕轨道上批量复制字幕序列并修改文本内容；最后，将字幕序列与相应音频序列对齐，实现声画同步。

3. 创建标注线

在字幕序列中添加红色标注线，利用阴影描边增强立体感，接着将标注线挪至画面中的零件部位，配合解说音频形成指向效果，以达到帮助学习者快速定位知识点的教学目的。此外，调整标注线的不透明度，使标注线伴随解说音频的开始与结束产生淡入淡出、渐隐渐现的自然过渡效果。

4. 调整序列帧动画

基于视频声画同步原则，以音频长度为基准，调整序列帧时长。具体做法是：裁剪出与解说音频内容匹配的画面片段，当画面时长大于音频时长时，加快序列帧播放速度；当画面时长小于音频时长时，采用插入静止帧图像的方式延长时间，使画面与音频在时间上等长。另外，在 Premiere 中对材质渐变动画进行倒放处理，制作成逆向渐变动画，即实现了模型材质高亮闪烁的完整周期，极大分担了 3dsMax 渲染动画的工程量。

（五）虚拟仿真课件发布

在发布窗口中，将全部场景拖拽至 ScenesIn Build 下，Unity3D 根据场景顺序自动生成索引，接着选择发布平台为 PC 端，点击 Build 按钮确认打包路径无误后保存，最终生成可在 Windows 系统下运行的格式为 EXE 的可执行文件。

六、虚拟仿真课程课件库管理

完成开发后的虚拟仿真课程，梳理开发统一制式、应用格式、设备部署条件，并上传至虚拟仿真课程课件库统一管理，统一调用。虚拟仿真课程课件库包含电网保命技能课程教学素材资源主要建设课件素材、模型素材、3D 动画素材等内容，为学员提供设备模型参考、操作演练以及实操案例等资源。支持多场景、多形式的技能人员虚拟仿真技能提升训练。

（一）以数字化平台承载

基于虚拟仿真技术建设的电力数字化学习平台，提供在线学习、体验式学习、移动学习、仿真认证以及工作辅助功能，提升学员的多项能力，比如认知设备结构、预防风险作业以及故障分析等，对较为重要的工作现场技能训练模式展开改革与创新。

（二）归类梳理课程资源

在应用阶段，以广东电网培评中心所积累的保命技能虚拟仿真培训资源作为核心，整合各个地市供电局历年以来开发出来的相关培训资源。由广东电网培评中心负责开展动态管理，主要包括地市供电局开发资源的署名与调用，运用以后的归档以及使用记录的管理等，不仅可以对保命技能虚拟仿真培训资源的集中调用起到良好的促进作用，较好地规避资源过度开发或者重复建设的问题的发生，而且也能有效地推动资源管理的标准化与规范化。

通过对虚拟仿真课程资源等应用的排摸，根据开发成熟度的高、中、低加以分类，然后再通过采用向需求方开展访谈与内容的梳理，并且填补现有的一切应用设备使用情况、开发成熟度以及待补充完善情况等，完成课件根据专业序列的分级，也就是开发成熟度与各个专业方向内容的匹配，将开发程度高，即应用级第一的课件归入一类中，作为下一步推广阶段的首先推荐的应用课件。

（三）动态迭代升级

通过需求访谈、内部邮件以及线上会议等多种方式收集开发需求后，广东电网培评中心与骨干内训师、一线业务专家以及外部技术团队联合起来，推行保命技能虚拟仿真课程资源的迭代升级。把一线经验与业务案例施行脚本转换与数字化建模，通过知识经验的合理萃取与课件脚本的不断打磨厚重的理论知识、抽象的原理知识以及繁琐的流程信息等，真正地达到可视的、可交互的呈现，使员工的模拟实操与练习得到最大程度的满足，同时也考虑到推广应用的时效性与便利性，最终把所有的课件都集合到电力数字化学习平台上，也就是资源库平台。

（四）共建共享管理

整合省级和地市级数字化培训资源，摸排现有的虚拟仿真资源应用，以开发成熟度与各专业方向内容匹配作为依据，对现有资源的运用情况、开发成熟度以及待补充完善情况等作出填补。广东电网培评中心统筹管理，包括开发资源署名与调用、使用记录管理以及入库归档等，规避资源的重复建设，创建资源管理的表转化与规范化。

七、实践案例：虚拟仿真课程脚本设计

（一）开发需求收集

在虚拟仿真培训推广完成后，收集到地市局讲师提出的虚拟仿真课程开发需求。讲师因为已经参与虚拟仿真培训的教学实践工作，有一定虚拟仿真培训资源了解的基础。因此，通过面谈方和现场观察法收集开发需求和资料。

1. 面谈法

提前和讲师沟通访谈提纲内容，基于需求提出人的作业场景、岗位能力要求、胜任力模型、课程内容特点，确定课程的内容、重点、开发方式以及

展现形式。整理和萃取讲师头脑中的隐性知识，并将之变成显性知识的过程，了解企业的业务需求和课程定位。

2. 现场观察法

完成面谈后，前往作业现场从各个角度拍摄作业环境、作业工器具以及作业设备，以便后期参照建立 3D 模型。同时，利用较长时间来通过多种角度、多个侧面观察员工现场作业的问题，是清楚员工作业表现的最佳方式，进而判断实际开发需求。现场观察要尽量使用隐蔽的方式，多次且重复观察，提升课程设计的准确性。

（二）开发需求确认

最终通过面谈法和现场观察法，明确该课件目前尚未被开发，可以进一步丰富虚拟仿真课程课件库。开发形式为交互式虚拟仿真课件，重点聚焦员工训练的交互性，提升员工反复训反复练的培训兴趣。听取需求人员的反馈意见，查漏补缺以此完善开发需求，最终保证开发需求的普遍性和针对性，为课程开发提供信息支持。表 3–5 为开发需求确认表示例。

表 3-5　开发需求确认表示例

<table>
<tr><td>需求单位</td><td>某供电局</td><td>需求部门</td><td colspan="2">某部门</td></tr>
<tr><td>需求联系人</td><td>林老师</td><td>联系方式</td><td colspan="2">1300000000</td></tr>
<tr><td>拟开发课件名称</td><td colspan="4">更换 10kV 跌落式熔断器熔丝一条</td></tr>
<tr><td rowspan="3">是否为安全技能</td><td colspan="3">安全意识（理论、意识形态、事故案例等）</td><td></td></tr>
<tr><td colspan="3">保命技能（作业流程、安全实操技能等）</td><td>是</td></tr>
<tr><td colspan="3">其他</td><td></td></tr>
<tr><td>需求描述</td><td colspan="4">（1）课件开发目的：帮助学员能更好完成作业规范及保命安全实操技能；强调对岗位核心要素的把关，更好地适应新岗位、新业态，结合新技术、新设备的推广应用
（2）课件工作场景：在培训专用线路上进行，线下无电力线及弱电线；工具：不同型号 10kV 跌落式熔断器熔丝若干、绝缘手套、操作棒、绝缘靴、个人常用电工工具等；现场条件：现场有一条 10kV 培训线路，未接电源。已装设安全围栏，现场提供 10kV 跌落式熔丝若干条备 选、绝缘手套、操作棒、绝缘靴、个人常用电工工具等，“止步，高压危险 !”标示牌 4 件、“从此进出 !”标示牌 1 件、“在此工作 !”标示牌 1 件</td></tr>
</table>

续表

<table>
<tr><th>需求单位</th><th>某供电局</th><th>需求部门</th><th>某部门</th></tr>
<tr><td rowspan="4">需求描述</td><td colspan="3">课件内容</td></tr>
<tr><td colspan="3">1. 工作前准备
（1）着装：穿“生产检修工作服”，要求整洁、完好、扣子扣好，衣领第一颗可不扣；穿绝缘鞋；戴安全帽（检查合格证、生产日期、外观检查；带调节到恰当位置、低头不下滑、昂头不松动；留长发的员工将头发束好，放入安全帽内）。
（2）选择工器具：选择满足工作需要的工器具有序放至作业区内。
（3）工器具、材料检查：检查绝缘手套合格证在有效期内、电压等级、外观；检查绝缘鞋合格证在有效期内、电压等级、外观；核对绝缘棒合格证在有效期内及外观。
（4）选择合适熔丝</td></tr>
<tr><td colspan="3">2. 工作过程
（1）核对线路名称和工作地点杆塔号位置正确。
（2）设置安全防护措施：在工作地点四周装设遮栏；在遮栏上悬挂朝向外面的“止步，高压危险！”标示牌（每侧不少于 1 件）；在工作地点适当位置应设置“在此工作！”标示牌；在遮栏出入口装设“从此进出！”标示牌。
（3）停电取熔丝管：断开低压侧开关，先断开支线开关，后断开总开关；在低压侧开关操作把手上悬挂“禁止合闸，有人工作”标示牌；拉开跌落式熔断器，先拉开中相，后拉开两边相，每相操作均应一次成功。用绝缘操作棒取下熔管。
（4）更换熔丝：检查熔管无弯曲、变形；检查触头间接触良好，无过热、烧损、熔化现象；检查各部件的组装良好，无松动、脱落，无锈蚀现象；更换熔丝，松紧度应合适。
（5）装熔丝管供电：装上熔丝管，过程中熔丝管不应跌落；合上跌落式熔断器，先合两边相，后合中相，每相操作均应一次成功；拆除低压侧开关操作把手上“禁止合闸，有人工作”标示牌；正确合上低压开关</td></tr>
<tr><td colspan="3">3. 工作终结
安全文明施工：拆除“止步，高压危险！”标示牌；拆除“从此进出！”标示牌；拆除“在此工作！”标示牌；人员已撤离，遮栏已拆除；清理现场无遗留物</td></tr>
</table>

（三）课程脚本开发

根据前期需求仿真调研和资料收集的信息，基于岗位作业标准编写课程开发脚本，以文字和图表的形式来具体展现教学设计的各个模块内容及其功能结构。整体制作脚本用于确定课件开发目标内容以及整体结构，可以灵活调整；文字脚本确定各模块的实现形式，提供开发思路。最终与需求人确认修改优化内容，表 3–6 为虚拟仿真课程开发脚本示例。

表 3-6　虚拟仿真课程开发脚本示例

环节	步骤	详细	交互
工作前准备	着装	着工作服、穿工作鞋	· 点击衣服、将衣服穿至人体身上，并衣服敞开 · 点击扣子，衣服收紧
			· 点击鞋子，将鞋子穿至人体身上
		请选择工器具：安全帽	· 点击安全帽、放大，并查看安全帽的生产日期
		请选择工器具：望远镜	· 点击选择望远镜
	查对资料	请打开资料查看主变压器负荷	· 点击资料背包，查看图纸负荷一栏
		请打开资料查看主变压当前和历史缺陷	· 查看主变压器的缺陷一栏
	风险评估及风险预控措施	请正确识别图中的作业风险	· 做 4 张 UI · 攀爬设备及架构本体时，关机构箱、控制柜、保护门造成大的振动，造成开关误动或保护误动 · 人身触电 · 机构箱或控制柜未关好进水造成设备异常 · 巡视路面坑洼不平人员摔伤
	作业前安全交底	请正确讲述作业任务、设备带电情况	· UI 出现，语音播报作业任务、设备带电情况
			· UI 出现，语音播报作业环境、注意事项等

第二节

数字化能力的师资开发

打造数字化师资队伍，是打造最实用的数字化培训的必然要求，并且可以为虚拟仿真技术下电网保命技能培训的发展注入强大的可持续动力。数字化时代已来临，企业培训的师资队伍建设必须，依托“数字化 + 培训”实现蜕变。

数字化时代的企业竞争说到底是数字化人才的竞争，从某种意义上来说，也是企业数字化培训的竞争。重视企业数字化培训，筛选与挖掘师资数字化能力，关注员工素质与能力的全面提升，将企业建成数字化学习型组织，提升企业的数字化竞争力，是企业面临新时代、新环境、新挑战能够持续发展的根本策略之一。

在虚拟仿真技术下电网保命技能培训实践中，需要重点聚焦师资的数字化能力的筛选与挖掘。在保命技能虚拟仿真培训管理创新中，加大各级内部讲师队伍的统筹建设力度，规范标准和流程（数字化师资识别与挖掘流程见图 3-4），充分发挥内部讲师的作用。

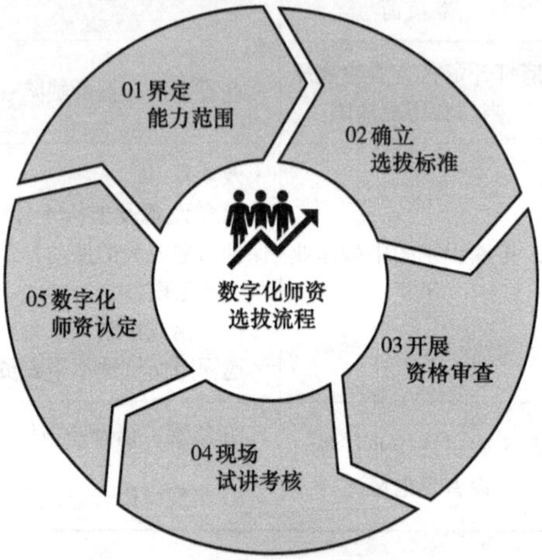

图 3-4　数字化师资选拔流程

基于数字化师资识别与挖掘是属于选拔流程，以下详细介绍基于专业能力、业务能力、数字化能力等维度的选拔流程。

一、识：界定能力范围

识别和挖掘师资的数字化能力，除专业能力、授课能力、课程开发能力之外，更聚焦讲师的数字化应用能力。因此，一般经验丰富但已经固化传统培训思维的“老内部讲师”不建议纳入选拔范围，着重关注中青年内部讲师，这批人群专业知识扎实，善于接受新事物，且学习能力快，是挖掘和培养的重点对象。

数字化师资选拔的范围主要从专业能力、授课能力、课程开发能力、数字化应用能力以及年龄五个维度来划分，如图 3–5 所示。

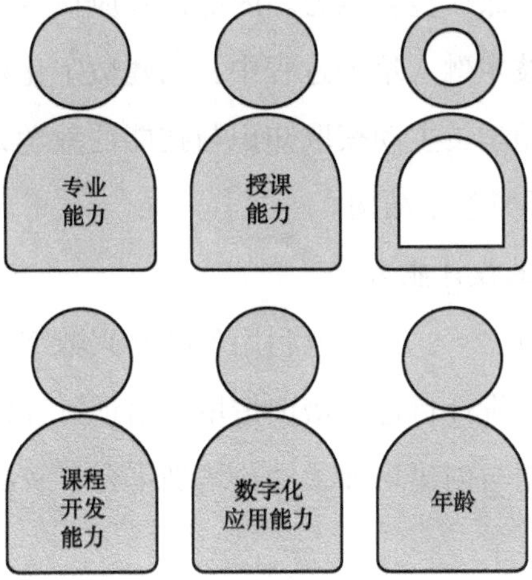

图 3–5 数字化师资选拔范围划分维度

重点解释一下数字化应用能力，内部讲师的数字化应用能力指的是除了常规培训能力之外，在数字化技术的大环境下可以很好地适应数字化培训的发展需求，把数字化教学理念、数字化教学方法以及数字化教学设备等应用于培训过程中的一种能力。通常来说，内部讲师的数字化应用能力可概括为以下两类：

（一）信息与数据处理能力

内部讲师如何高效且精准地获取海量信息与数据扑，并为培训实施提供科学支撑，是能否数字化赋能培训的关键。这里所说的“信息与数据处理能力”，主要是指对各种信息与数据资源的获取、分析、加工和传授。在企业培训中，内部讲师应当具备以下信息与数据处理能力：

（1）自主选择获取信息与数据的能力。信息与数据资源是复杂且多样的，内部讲师在获取信息与数据的时候，应当提升洞察能力与识别能力，所选取的信息、数据应当紧密贴合培训教学需求。

（2）整理与加工能力。不管是数据，还是信息，都应该是为培训教学而服务，所以内部讲师应当整理或者再加工所搜集到的数据、信息，开发出适合学习场景和学员对象的数字化资源，以此提高培训教学的效率。

（3）数字化技术与课程整合能力。内部讲师应该尽可能地将大数据、虚拟仿真等新兴数字化技术融入培训过程中，构建数字化教学环境，发挥内部讲师的主导作用，驱动学员主动获取知识与技能的教学方式，变革传统的以内部讲师作为中心的课堂教学结构。

（二）数字化教学的设计能力

在数字化技术环境之下，充分地利用各种新兴数字化技术，整合各类培训场景，对培训个性化设计目标、培训情境、培训过程以及培训内容，匹配培训方法与手段，编制与创建培训软件与培训平台，解决培训过程中各类局限性问题的能力。

（1）数字化教学的实施能力。通过数字化技术与现代教学媒体，个性化设计的教学方案并常态化实施的能力，它包括语言表达能力、学习指导能力、数字化应用能力、虚拟仿真系统操作能力等多方面内容。

（2）数字化的创新能力。创新是数字化时代的一大显著特征，想要成为一名优秀的数字化讲师，就应当具有较强的创新意识与创新能力，只有这样，才能够针对特定场景和特定群体不断地提出新问题、新思路、新方法，最终构建数字化特色培训模式，培养出拥有创新精神的学员。在数字化培训过程中，内部讲师要采用灵活且多样化的培训手段，在教学场景中引入新兴数字化技术，驱动学员的沉浸感和虚拟环境中的创造力。

（三）知识拓展：数字化师资能力盘点模型

在挖掘与调用培训师资源方面，往往会遇到一个十分典型的问题，那就是有能力之人没有意愿，有意愿之人没有时间，既有时间也有意愿之人却又缺乏经验。为破解这个问题，广东电网培评中心采用九宫格师资盘点模型（见图 3-6），重构内部内训师能力挖掘的新逻辑。

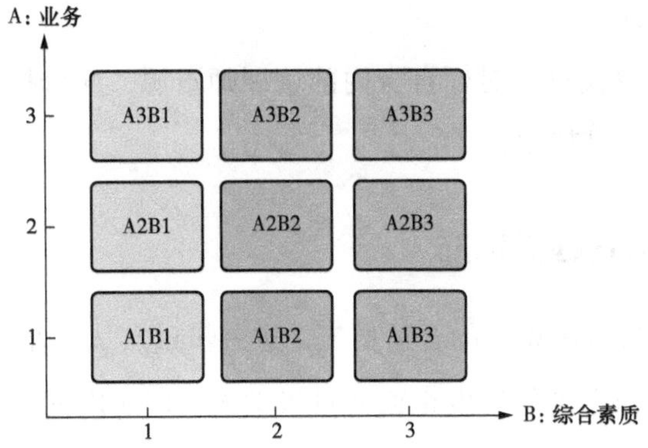

图 3-6　数字化师资能力盘点模型

在上述模型中，根据 A 指数（候选人的业务能力）与 B 指数（候选人的综合潜质），通过这两个维度作出划分，将组织内的可以使用的师资资源划分成了九种类型，鉴于他们各自的能力存在着很大的差异，这九种类型的师资人才将在保命技能虚拟仿真培训课程开发与进一步的推广应用中扮演不一样的角色，从而促使师资资源的管理效度得到较大程度的提升。

基于双线九宫格模型的基本逻辑面，将不同的人分配到不同的培训项目中的不同环节中，以下对部分分类进行解读：A3B1：这一类人群比较适合做主题专家，这种类型的人在公司中通常担任的是技术骨干的角色，作为企业培训师（或者企业内训师）是有着一定的难度的，但是却可以为问题的解决提供优秀的方法、路径与工具。

A3B2 与 A3B3：这种类型的人在企业当中一般都是核心人才，最大的价值便是配合开发高质量的培训课程，因此更加适合做课程设计和开发顾问。

A2B2、A2B3、A1B3：在组织内部，这三种类型的人尤其适合做企业培训师（或者企业内训师）。对于 A2B2 这种类型的人，他们不仅具备良好的业务经验，而且其综合培训能力也很强，不仅可以开发课程，而且也能够站上讲台讲授培训课程。而 A1B3 这种类型的人因为缺少足够的工作经验，或者对业务没有良好的敏感度与较深的研究，所以不妨让他们来讲授已经开发出来的比较成熟的课程。

基于上述理论模型，对标自身内部培训师资源，充分挖掘师资能力，做到内训师选用的人尽其才。

二、选：确立选拔标准

通过界定选拔范围识别的合适员工，进一步重点从专业能力、综合素养、数字化能力、工作态度等维度全面衡量候选人，广东电网培评中心一般从八个标准作为数字化内部讲师的选拔标准，见图 3–7。

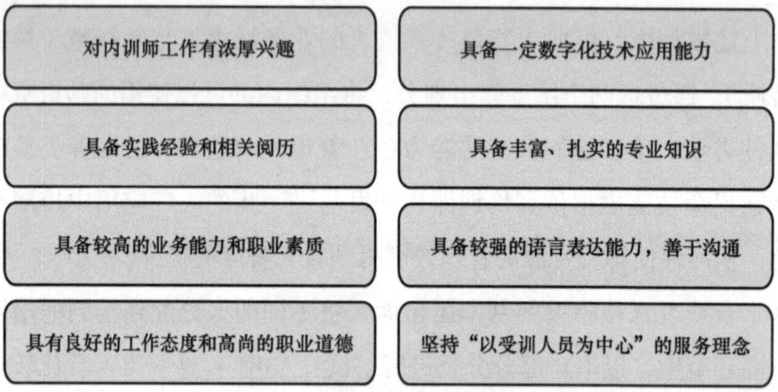

图 3–7　数字化师资选拔标准

三、审：开展资格审查

在候选人试讲之前，应对候选人的资质进行审查，确定候选人信息的真实性。规定的选拔标准为强制性资格条件，具体选拔标准依据具体情况而确定。有一项不符合要求的，资格审查认为不通过，若发现候选人有弄虚作假的行为，则不能通过资格审查，已通过的也将被取消资格。只有完成符合强制性资格条件的候选人，才能进入下一轮试讲。

四、考：现场试讲考核

安排符合选拔条件的候选人进行试讲，确定其是否具备成为数字化师资的能力。试讲的形式从不同的角度可以有不同的分法，如可以按试讲的人数、范围划分，按时间划分，以及按培训场所划分。每种试讲形式都有其各自的作用和要求。

在候选人试讲时，由培训侧人员、公司专业内部讲师及试听学员共同评价，并赋予不同的权重，根据三者评价的总分来确定内部讲师人选。数字化师资评价维度及权重见表 3–7。

表 3-7　数字化师资评价维度及权重

评价内容	培训侧评价（30%）	专家评价（50%）	试听学员评价（20%）
语音语调（5 分）			
表达流畅性（10 分）			
肢体语言自然（10 分）			
目光交流（5 分）			
时间掌控（10 分）			
形象仪表（10 分）			
案例演示（20 分）			
问答情况（30 分）			

五、用：数字化师资认定

完成以上数字化师资的选拔流程，综合内部试讲评价的结果，确定数字化师资的人选，培训侧组织人员负责对最终入选的数字化师资授予讲师资格证书，颁布内部讲师聘书，并说明有效期。

第三节

电力数字化学习平台应用场景开发

电力数字化学习平台是基于云计算、5G、以太网络等数字化技术构建的创新型企业大学平台，实现员工在线学习、虚拟仿真实操训练、工作场景仿真考评以及工作辅助等多场景应用支持，满足员工远程协作、作业指导、装配训练等场景应用。

一、远程协作：实现远程音视频协同作业

基于电力数字化学习平台，无需手持额外设备，实现本地学员之间的远程协同作业。本地用户与远程用户通过 VR 眼镜连线，分享第一视角画面。本地用户可一键暂停通信画面或进行实时标注，通过文档、图片、视频等多种形式将指导结果同步展现在学员的视野中。整个过程可以选择全程记录，并上传到数据中心进行存储与分析。VR 远程协作支持一对一、一对多、多对多等各种场景，也可自由选择接入通信的终端设备类型（如手机、电脑、平板、VR 眼镜）。局域网平台为 VR 远程协作应用提供支撑，涵盖计算、通信、业务流程、数据智能等服务。

VR 远程交互，实现远程音视频连接、一键冻屏、多人通话、实时标注、文件传输、电子白板、全程记录，可解决以下痛点问题，如：专家稀缺，距离远；往返路程，太浪费；徇私舞弊，难规避；轻重问题，难区分；电话描述，易误解；视频链接，不保密；标记位置，难描述；文档传递，不叠加；交互记录，无存档；存档数据，欠分析。

应用场景可分为专家支持、作业监督和实景考察三大类，具体样例见表 3-8。

表 3-8　远程协作具体的应用场景

应用场景	具体样例
专家支持类	· 生产线出现异常，熟悉故障排查的技术工人外出，电话沟通描述不清； · 关键设备出现故障，设备商无法立即上门排除，停产等待； · 异地建厂，专家出差流程繁琐，必须等待； · 贵重设备维护，国外专家现场服务费、差旅费高昂； · 产品更新换代快，售后维修人员无法掌握全部型号； · 传统的维修记录方式，容易出现舞弊； · 疑难技术问题，即使有文档记录，但信息理解有偏差； · 缺少有效的经验记录，同样的问题反复出现； · 即使有专人管理，知识库也不能涵盖临时性、突发问题处理
作业监督类	· 需要现场稽核供应商，但派出的人员，面对公关无力招架，难以保证客观； · 仓库盘点 / 安全稽查，监督人员周转多地，造成时间浪费； · 纸质记录只能反映有限信息，没有录像记录，管理信息不全面
实景考核类	· 现场照片的真实性容易被质疑； · 大量学员的实地参观，接待费用高； · 远程摄像的方式，摄像头固定，无法查看细节

二、作业指导：将固化经验方法复用增值

鉴于部分生产作业的复杂性，在自动化智能化生产流程中，还有大量环节需要依赖人工参与解决。而近年整体用人成本日益高昂，面临着一些显著的问题，比如：人员的高流动性，熟练工成本高且招聘困难；专家技师数量少、成本高；新人培养周期长，成本高，师徒传承效率低下。传统的组装通常由专业技术工人完成，而复杂的生产作业，存在工人容易遗忘、操作规范执行不到位的情况，需要加强培训和实操才能熟练掌握，这在很大程度上增加了员工培训的成本，给传统的作业指导提出了新的挑战。

借助虚拟仿真技术，可以将企业中熟练工人的既有知识经验和技能固化下来，成为行动准则和模板，通过智能设备的环境感知和对象识别技术，将熟练技能人员的经验和行为在新员工眼前重现，让新员工可以依据视觉“诱导操作”完成任务，让智力资产得以复用增值。

基于电力数字化学习平台，利用虚拟仿真技术指导，可以减少生产过程

中操作人员查阅资料的时间，通过巡检、维修之间的数据互联互通，形成数据闭环；给操作工人以实时指导和提示，检查步骤的完整性，降低作业的风险，提高操作的效率，全程透明可视化管理，从而实现现场作业方式的变革见表 3–9。

表 3-9　作业指导

应用场景	具体说明
作业指导内容编辑功能	此部分功能面向由企业培训人员 / 资深技术工人，主要包括： · 工作流程添加功能，可以添加管理不同工作环节步骤； · 流程编辑功能，可以用虚拟仿真课程编辑器编辑逐个步骤； · 指示信息编辑功能。编辑规范的操作方式，添加识别感知的操作对象（比如设备的操作面板）特征；编辑操作提示内容； · 发布作业指导，通过数据后台来进行内容的发布
VR 作业实时指导功能	此功能面向生产线技能人员或者学员，包括： · 在手机上或者眼镜上打开作业指导 APP； · 选择所需处理的工作内容；观察操作对象时，眼镜会进行识别并在设备上显示操作方法； · 员工可根据指导完成所需工作

三、装配训练：规避操作风险，节约训练成本

VR 工器具结构展示与装配训练，是对实际装备原理、操作和内部运动过程的仿真演练，目的在于使受训人员在沉浸环境中熟练掌握某装备整体或关键设备或某一系统的信息。除了常规的教学、考核模块外，系统中最重要的是装备的虚拟拆装训练，其训练过程由一系列按照拆装规定的操作行为组成。

受训人员通过操作手柄或者动作捕捉设备，按照拆装操作规程实施一次装配操作，引起所操作对象的状态改变，进而经过控制系统更新或机械结构传递，导致其他部件状态发生改变，从而完成一次完整的拆装操作。整个过程节省了传统装配训练中昂贵的成本并避免了事故的发生，通过一套硬件设备及应用软件即可实现。

虚拟结构展示与装配是虚拟制造的关键组成部分，它利用计算机工具，通过分析、预测工器具模型，对工器具进行数据描述和可视化，做出与装配

有关的工程决策，而不需要实物工器具模型作支持。该技术从根本上改变了传统的工器具设计、制造模式，在实际工器具生产之前，首先在虚拟制造环境中完成虚拟工器具原型代替实际工器具进行试验，对其性能和可装配性等进行评价，从而达到全局最优，缩短工器具设计与制造周期，降低工器具开发成本，提高工器具快速响应市场变化的能力。

虚拟装配是许多技术的综合利用，例如可视化技术、仿真技术、决策理论、装配和制造过程的研究等。对于尚处在设计阶段的工器具来说，在计算机上仿真工器具的实际装配过程提供了可装配性好坏的直观效果。利用计算机图形学和仿真技术实现这一虚拟的装配过程，就是工器具的装配仿真，它能够以可视化方式展示并改进工器具的可装配性。如表 3–10 所示，装配仿真的研究进程，大体可分为两个层次：

一是，装配仿真的可视化手段和干涉检验工具直观展示工器具装配过程中零部件的运动形态和空间位置关系，并提供运动过程中的干涉检验和报警。

二是，基于 VR 技术构造虚拟的工器具装配环境，操作人员可通过视觉、听觉和触觉来感知工器具的装配过程和效果。

表 3-10　装配训练

应用场景	具体说明
装配概述	通过图文的形式给出按照某产品的概述，在保留传统 PPT 教学、教材及课后测试的基础上，进行美工设计和交互性的设计，有助于实现自然、流畅的课程教学过程
装配结构介绍	主要由三维动画技术结合语音配合，对产品的功用、组成等进行细致的讲解，分为动画播放和手动漫游模式。手动漫游模式可以用鼠标拖拽拉近装备，可以清楚地了解装备的结构组成，为后续操作奠定基础
虚拟场景实操	在虚拟世界中进行重构现实训练场景，通过结构展示、拆装教学、拆装训练、拆装考核等手段，训练学员的装备拆装技能。 拆装教学：具有拆卸和装配两种模式，自动演示拆卸或者装配过程，零件拆卸放置到零件库或者从零件库中拖出装配。 拆装训练：同样具有拆卸和装配两种模式，零件拆卸放置到零件库或者从零件库中拖出装配。 提示功能：当不知道步骤时可根据提示的高亮功能辅助拆卸或者装配。 拆装考核：对拆装教学及训练的学习效果进行检验，没有任何提示，由受训者从仪器库选取装配的产品放置到安装位置，然后从工具箱选取工具进行安装

续表

应用场景	具体说明
岗位考核	通过交互式电子考试形式，对某装备重要知识点进行梳理，收集和整理各类试题。该模块能够完成单选、多选、判断、填空、简答等主客观题并进行判断计分，最后进行统计。 采用虚拟现实技术建立的可视化 VR 产品结构展示与装配训练系统，可以有效地解决当前装备实装训练存在的问题，提高了训练效果，有效解决了工作滞后、训练效率低、费用高等关键难题，最大程度地满足了需求

第四节 体系开发的最终实现目标

将虚拟仿真培训体系应用于技能培训中，不仅可以构建生动、逼真的学习环境，而且能将抽象、深奥的学习内容形象化、具体化、趣味化，有效激发学员的学习兴趣。最终实现以下四个目的：

一、“游戏化”职业路径培训

创建教学“硬件软件化”与虚拟化实训理念，根据“游戏”与“互动”的软件开发理念，以电网企业的电网调度员、电气试验工、变电设备检修员等岗位与电网企业文化的环境作为依托，设计电网企业虚拟操作员、技术员以及工程师等电网企业员工的职业成长历程。

将电网企业硬件，比如，电子仪器仪表、发电机以及汽轮机等刚性硬件虚拟化，结合电网企业岗位的技术、流程、管理规范以及规章制度等。按照员工的职业成长规律，设计变电设备检修等电网保命技能的提升、员工职业技能成长的学习地图，依靠学习地图对员工进行职业路径学习导航，使之通过选择不一样的电网职业人角色来促使自己的职业成长需求得以实现。科学地引导职工，使之从新员工成长为一个专业知识丰富、操作技能强大、职业素质较高的虚拟专业技术人才，让其在成长过程中体验“游戏”的智慧与乐趣。电网企业一线操作员学习实训系统中的基本操作与基本技巧，而技术人员与专家则可以更深入层次的体验与探索，并且导向自己专业的方向培养与打造角色，以此来实现对自我挑战的目的。

二、促进隐性知识显性化

运用新兴数字化技术的高素质电网企业员工，应该具有的隐性的职业素质，比如，职业意识、职业态度、职业作风以及职业道德等，难以通过传统课堂迅速培养。培训中，三个层次3D原型再现，即虚拟真实设备、虚拟真实岗位与虚拟真实环境的再现，学员在虚拟环境中通过电网企业安全生产工序“游戏化升级”职业人成长训练，“身临其境”地感受安全生产的过程与管理。学员通过对操作员、技术员、工程师等角色扮演来体验电网企业安全生产过程中除了电网知识与相关技术技能之外，对沟通协作、实干巧干、责任担当、遵章守纪、敬业乐业以及发展创新等职业素质要求，领悟到职业素质对于安全生产与员工职业成长历程的影响。

通过对电网企业安全生产过程与安全管理过程等进行虚拟，把职业素质外化与社会化，使隐性知识的显性化得以实现。通过“游戏化升级”的“真实经历”，充分地将学员所具备的内部潜力挖掘出来，有效地激励学员对电网企业安全生产与管理的秘技进行探寻，从而促使综合性职业素质的内化滋生得以实现。

三、突破传统“物理”实训室限制

学员可以应用虚拟仿真技术等新兴数字化技术，实现真实原型3D再现与硬件资源软件化，对电网企业安全生产与管理的逼真模拟重现，让学员借助虚拟实训系统软件当中的企业参观模式来对电网企业的组织架构、生产岗位的工作流程以及员工应具备的技能与素质等相关知识和信息进行了解，在操作模式之下通过和软件的交互对话来获取独立解决各种安全生产技术问题的知识与能力。

在考核模式之下使学员依靠教学软件的评价反思工具来反思整个学习与训练的过程，并且对个性化发展的实现条件进行定制。学员可以随心所欲地在三维虚拟的车间漫游，对各种类型的电网设备进行体验与操作，对各种操作技能与技巧等进行学习与熟悉。利用互联网技术、虚拟仿真技术、人工智能技术等新兴数字化技术，将原本价格昂贵的多种设备网络化、虚拟化，实现有限资源的无限共享，学员随时都可以在虚拟车间漫游，模拟操作对应设备，获得所需的文档、操作视频以及考核试题等学习信息。与此同时，泛在性训练通过模拟操作与考核模式还可以对学员是否已经熟练掌握解决问题的技能以及高级思维能力目标进行检验，以便保证学员能够有效地将培训当中学到的知识与技能真正地运用到解决实际问题当中去。

四、建立综合学习训练系统

虚拟仿真培训可以解决“职业素质养成、知识和技能综合运用以及基层管理”三者之间的融合问题，突破传统培训的瓶颈。根据电网企业安全生产的五要素，即安全文化、安全法制、安全责任、安全科技与安全投入，将传统的学科性知识体系打破，以参与培训的员工作为中心，认真遵循员工“技能、技术与管理”这三条职业发展路径，巧妙地融合电工技术、电子技术、虚拟仿真技术等知识，电子仪器仪表和工具的使用、电工操作、安装与维修等技能，以及员工职业素质等，构建以“操作工——技术员——专家”作为主轴的三层级职业能力素质成长模型。

通过对员工的职业活动作进阶式的教学化设计，有效地提高员工的知识技能和素质。创建了“三职业路径、三能力层级”与“知行合一”的与员工职业成长规律相符的应用数字化技术的专业综合训练系统。将专业知识、职业技能与职业素质的综合运用、安全生产的运行与管理融会贯通，通过数字化技术与虚拟仿真实操来引导员工快速掌握各种保命技能，有效地助力企业安全生产与员工的职业成长。

第四章　虚拟仿真培训推广应用

培训实施过程中，聚焦关键岗位、实操实训、保命技能层面内容，广东电网培评中心开发自有的数字化平台、开发虚拟仿真资源、实践构建虚拟仿真培训体系，为全省常态化开展虚拟仿真培训提供了平台、师资、模式的重要支撑。在实施中，根据各培训基地专业特色和资源情况相结合，形成“理论＋沉浸＋实操”的平台化运营管理模式。最终，固化“推广”模式，复制“推广”动作，为培训基地注入新技术新方法，实现虚拟仿真培训推广落地中轻学习、轻实施、重实效、重考评的运营效果。

第一节

虚拟仿真资源整合

广东电网培评中心聚焦一线业务需求，在过去几年持续开发 3D 模型库应用、AR/VR 沉浸式变电站应用、多人协助 VR 实操应用、沉浸式无人机应用等多套虚拟仿真课程资源，统筹完成虚拟仿真类课程课件资源的梳理和整合，归集各开发项目中产出的课件及应用，梳理制式、使用格式、设备部署条件，实现虚拟仿真类课程课件资源统一管理和建库准备。针对培训的需求，基于岗位能力的分析，整合资源，精准匹配课程。

一、岗位能力分析

基于岗位胜任力模型，对标分析一线技能人员的专业特性，通过问卷调研、BEI 等工具，梳理出培训对象专业要求的对应虚拟仿真培训课程内容；基于工作和任务模式，了解培训对象的工作任务和场景，明确目标岗位达成业绩的关键任务和场景，匹配虚拟仿真课程，避免对保命技能培训相对空泛、笼统的描述，聚焦虚拟仿真培训的实用性。

除了上述两种系统的调研工具，还可以对培训对象进行分析，包括年龄、专业、工作特性、学习能力、业绩表现等基础信息，也包括他们培训内容、组织方式、培训时间的期望以便更好地确认实施内容，开展工作。

二、目标对象画像梳理

关注目标技能学员的专业特色和培训相关内容，大概的情况，结合学员的专业序列、工作要求、必备技能、日常培训需求等进行轮廓性梳理。

三、典型工作场景分析

分析目标学员的日常工作场景是什么。用一个“典型工作场景”的方式替代。可以通过焦点小组、面对面访谈、在线问卷等形式，将这一类员工的主要、重要工作职责做个抽离，得出的工作事项，可以作为实施内容规划的基础。

四、岗位评价模型分析

广东电网每个专业序列都有自己的岗位评价和胜任力模型。项目中可以和专家、内训师建立合作沟通机制，做总结归纳，明确保命意识和保命技能在培训应用中的提升方向。基于岗位评价和胜任力模型的培训、培养都是为了发展人才、解决问题，所以匹配实际工作场景的技能培训，真正符合学员的操作流程是重点。在这个过程中，要归纳、选重点，做减法。

五、精准匹配培训课程

以机巡作业人员为例，通过以上分析方法，对机巡作业人员的副班长的群体画像、典型工作场景、岗位评价模型分析后，得出该类人员在无人机日常巡视能力上欠缺，基于成本考虑，也缺乏经常实操训练的机会。找出能力缺失项以及岗位的要求，便可以从虚拟仿真课程课件库匹配“无人机 VR 训练实操”课程，精准满足机巡作业人员的技能培训需求。机巡人员岗位能力要求见表 4–1。

表 4-1　机巡人员岗位能力要求

维度	模块	要素名称	能力描述	能力要求				
				初级作业员	中级作业员	高级作业员	副班长	班长
技能	基本技能	信息系统操作	能够熟练操作相关信息系统完成本岗位业务	√	√	√	√	√
		监测设备识图	能够识读在线监测装置结构图、电气接线图	√	√	√	√	√

续表

维度	模块	要素名称	能力描述	能力要求				
				初级作业员	中级作业员	高级作业员	副班长	班长
技能	专业技能	无人机日常巡视	能够运用无人机对输电线路、在线监测装置等设备进行日常巡视	√	√	√	√	√
		无人机特种作业	能够运用无人机对输电线路设备进行特种作业	—	√	√	√	√

第二节
推广实施方案设计

推广实施方案的设计是虚拟仿真培训实施的行动指导，是对技能培训数字化赋能、虚拟仿真资源整合、数字化培训方法设计等的综合规划和应用能力体现。基于广东电网培评中心在虚拟仿真培训体系构建、电力数字化学习平台建设应用以及推广实施的积淀，一般由广东电网培评中心摸清地市局的需求、设施硬件、数字化实施基础等情况后，负责规划、设计以及撰写。

一、访谈与分析

开展调研访谈工作，针对技能人员开展虚拟仿真类培训和相关需求的调研，掌握基层技能人员对于虚拟仿真培训的认识和学习需求度。为保证需求调研内容的严谨性和准确性，对后期开展的安全技能与核心技能虚拟仿真培训起到指导作用，实现资源精准匹配，需求调研一般采用在线问卷调研和面对面访谈两种形式。

（一）两种常用调研方式

1. 在线问卷调研，针对技能人员群体

一线技能员工群体较多，无法采取面对面访谈，可使用在线问卷调研的方式集中收集需求，将调研问题标准化，以在线问卷的形式罗列出一组问题，方便目标对象打分或是做出选择。具体的操作流程包括：列出本次需求调研需要了解的事项清单；问题包括封闭式问题和开放式问题，根据调研实际情况分配两者的占比；完成问卷内容编辑后在线发布，联系培训负责人组织调研对象在线完成问卷填写，并评估调研结果。

2. 面对面访谈，针对培训组织者

调研访谈中，应用于培训负责人、内训师、专家的需求访谈中，通过与被访谈对象直接的对话，挖掘内训师、专家的培训需求。基于企业业务场景开展场景需求分析，制定智慧岗位培训与考核的业务应用场景分析。需要安排专门团队到对应岗位的工作现场展开调研，获取现场环境、业务流程等情况形成报告，访谈了解业务现状，调研公司管理制度，明确实操训练的一线需求。工作流程包括：

（1）组织和罗列需要访谈的内容提纲。

（2）确定访谈的目标及要访谈的对象，明确“什么信息是最有价值的、必须了解到的”。

（3）与内训师、专家就虚拟仿真培训的各个层面展开详细了解，建立融洽的、相互信任的访谈气氛。

（4）详细记录访谈结果，分析访谈结果。

（二）访谈分析聚焦的维度

1. 组织层面

组织层面主要来源于企业经营管理层，带有明显的行政色彩，通常由企业战略落地、企业文化传播、知识技能传承、职业素养提升等多个方面延伸而来。组织层面需求分析的最终落脚点是要明确企业的绩效目标和人才需求，找准核心业务的短板和增长点，定性定量描述业务增长水平，精确划定培训对象，准确描述人才能力素质。在提炼组织层面需求时，通常以企业战略为依据，发掘内涵，通达外延，进一步理清企业所处态势以及发展动向，在培训设计之初就能精准布局，策划具有针对性和可操作性的培训内容，使培训成为企业提质增效的有力举措。

2. 岗位层面

岗位层面是工作岗位对职业素养和能力水平的客观要求。以岗位胜任能力模型为切入点能够快速准确地分析岗位层面需求。岗位胜任能力模型基于职责将所需能力按照知识、技能、态度3个维度进行归纳，每个维度又可以根据工作频度和重要程度进行细分，所以通过岗位胜任能力模型能够清晰洞察工作所需的能力细节，为找准能力缺项、衡量素质差距提供基准。“互联网+”时代，岗位迭代加速，新岗位不断涌现，即使部分企业已经通过开发和试行建立了相对成熟的培训规范，也要注意审视这些已有成果的时效性，如果不符合现有岗位能力需求，需启动专家工作坊重新开发新模型，新一轮的开发要具备一定前瞻性，对岗位能力的描述要与生产现场同步并适度超前。

3. 员工层面

员工层面主要聚焦企业员工自身的能力提升需求，既体现员工当前能力状况，又反映员工职业发展愿景。员工层面需求分析是对员工绩效和职业生涯发展需求的分析，一是评估员工当前的绩效水平，二是从个体需求角度审视员工职业发展需求，三是分析员工的个性化学习习惯及偏好。员工个性化需求可以从马斯洛需求层次模型的6个层次考虑，其中处于高需求层次的“自我实现需要”和“自我超越需求”能够作为与组织层面需求相结合的契合点，令员工层面需求不再趋于发散。员工层面需求分析需明确企业当前员工队伍能力状态、员工职业发展规划、新技术和新方法如何在员工的教育培训中应用。

二、撰写调研访谈报告

在完成的需求调研后，需要整理、汇总、分类、合并、分析各类培训需求，在分析的基础上编制调研访谈报告，一般需要包括以下层面内容：

（1）培训需求调研背景和概况；

（2）培训需求调研的实施说明；

（3）开展培训需求调研的目的和性质；

（4）实施培训需求调研的方法和流程；

（5）分析培训需求调研所获得的信息；

（6）进行培训需求调研信息与培训目标的比较；

（7）对调查结果的简要评析和对培训目标的调整意见；

（8）附录。包括收集和分析信息时所用的相关图表、原始资料等，其目的在于鉴定收集和分析相关资料和信息时采用的方法是否合理和科学。

三、推广方案设计

推广方案设计需要和技能人员的技能提升、梯队建设等有机结合，避免在虚拟仿真培训实施中给员工形式大于内容的不良体验。同时，需要系统化思考和模块化运作。系统化思考指的是，全方位、多角度分析一线技能人员关于安全技能与核心技能的培训需求，确保培训精准服务一线技能人员的工作场景和员工技能提升。模块化运作指的是，将培训项目分成若干模块，各模块内部建立知识闭环。并指导内训师掌握操作要领，能够辅助做好课程内容上的设计，即在哪些课程模块可加入虚拟仿真模型演示，在哪些实操环节可加入虚拟仿真应用类设备辅助仿真体验。

（一）实施背景分析

1.实施的基础

虚拟仿真培训是以创新技术驱动，因此需要分析企业在虚拟仿真培训技术、资源、人才等方面的积淀，以及是否顺应企业战略趋势。广东电网近年来聚焦数字化人工智能、培评数字化转型，深入研究数字化技术助力企业在内外部环境下的转变和发展，培训侧通过探索虚拟仿真培训技术的模式创新，通过理论结合实操的培训运营，推动了数字化转型的进程，极大满足了业务部门的需求。

2. 推广资源基础

虚拟仿真课件的开发已沉淀为可交付的成果，成果量足以满足课程的推广应用需求。规模化推广应用的基础是虚拟仿真课件的相关开发、使用标准健全，否则无法有效嵌入到公司培训评价体系，且有能力解决好虚拟仿真课件素材、单一课件、用户数据的归口管理。

3. 推广能力基础

从“人和事”两个层面来设计推广模式。人是指从内部选择一批内部专家讲师、专家工作室，让专家讲师参与到培训课件的内容策划、推广应用，调动他们的积极性，通过课件的迭代优化解决他们的实际问题，提升他们的专业性。事是指结合年内重点的培训班和培训计划，针对性的开展培训推广，以便让虚拟仿真课程能够无缝嵌入到这些重点培训班和培训计划的实施过程中。

（二）确立项目目标

一是提出重点强化保命意识培训和保命技能训练，全面提升员工岗位履职能力的培养方案和培训模式。通过虚拟仿真实操培训对技能实操员工突出的安全技能与操作类技能的反复训、反复练，固化为“肌肉记忆”，使得一线员工掌握更多的理论知识、作业要求，建立一种更加智能、高效、安全的新技能培训模式。

二是解决在业务发展和运行中的常态化能力建设培养机制，通过人工智能技术、虚拟现实（VR）或增强现实（AR）等技术，结合已开发的智慧培训和智慧评价平台，考查、评估、评价员工的业务处理能力。

1. 设施升级：从物理设施到虚拟仿真技术应用

由于电力系统的特殊性，人员培训和实操训练不能在实际运行的电力设备上进行，而建设实操培训基地存在设备贵、投资大、占地广、维护困难，同时培训人数有限等诸多限制，难以满足大规模人员培训的需要。因此，利用虚拟现实技术、增强现实技术，研究开发具备高度沉浸感的电力虚拟仿真课程资源，替代传统设备的实物训练，对提升新时期电网人员技能水平、完善教学培训和技能鉴定单位的培训工作及考核手段、保障电网的安全稳定运行，具有十分重要的现实意义。

2. 形式革新：从集中式“填鸭”授课到多样化场景教学

摆脱传统 PPT 平面展示的形式，PPT 不再是讲师连接学员完成培训课程的核心工具。场景化教学中课件升级为 3D 立体展示，内训师只需手持智能手机、平板电脑、操作手柄等移动设备，就可以讲解电力设备拆解等较为抽象的设备认知课程，如大型变压器内部设备结构和工作原理等，学员通过数字化设备可协同完成训练操作，灵活多变的转换设备及其应用的视角，配合内训师的讲解使课堂更为丰富而生动。

案例结合的研讨式教学。内训师可以采用案例库中 3D 视频课件，作为安全课人身事故分析的案例，课程中可以逐一播放 3D 动画视频展现案例始末，引导学员分组讨论，画“事故树”做事故主要原因和间接原因分析，用可视的案例激发研讨，加强安全生产教育。

实训室体验式教学。体验式教学主要以 AR/VR/3D 模型形式的应用课件体验为主，也是虚拟仿真培训推广的重点推广内容。现场分不同体验区引导学员分批完成不同课件的体验学习，由内训师或专家做指导和示范。内容包括 VR 倒闸操作、巡视、事故处理、VR 运行转检修模拟操作案例、3D 模型主变压器及其设备拆解等，具有丰富的场景感和体验感的特点。

3. 模式丰富：从单课混搭到混合式仿真学习模式

在虚拟仿真培训中，选用的是混合式仿真学习模式，即理论 + 沉浸 + 实操。学员要学习某项保命技能的时候，培训师会先简单地讲解一下相关理论知识，然后再通过虚拟仿真培训系统等平台，让学员沉浸在虚拟仿真的环境中进行学习与实操。它可以使培训的理论知识、技能与实践应用之间形成一种非常密切的逻辑联系，真正地实现“学以致用”的目标。

4. 讲师赋能：从讲师到数字化讲师

传统培训大多关注名师名课，在衡量培训课程优劣的时候，培训师权威性是关键性因素培训课程对培训师的结构化思维、知识体系的广度与深度以及呈现技巧的要求都非常高。因此，外部具有较高评价的大咖职业讲师往往是非常受欢迎的，而企业内部培训师尽管也是有水平的，但大多都不容易完美地展现出来，所以最终的培训效果自然会或多或少地受到影响。

虚拟仿真培训是借助数字化技术构建虚拟仿真培训系统或平台等，采用虚拟场景化训练或在线协同培训，主题聚焦，多人可同时开展技能训练，其呈现方式也是多样化的，大大提升培训师的呈现技能，真正地实现了从 PGC 到 UGC，达到“人人可为师”的地步。这也使得企业的培训内容变得贴近业务、聚焦实用、形式多样、更具趣味。

（三）设计实施路径

1. 内容设计层面：强化内容和业务侧紧密结合的问题

培训效果难以评估，最关键的是学员所学内容与工作无关，或者没有场景化解决不了学员的工作难题，或者是没有足够机会驱动学员将所学知识应用巩固。如果说学员回去以后没有时间来应用所学，其根本原因还是因为学的内容回去用不到。在职学习障碍见图 4–1。

虚拟仿真培训的第一要求就是：搭建紧贴作业路程的虚拟场景，即学即用。也就是“实用主义学习”，侧重岗位辅助和保命技能提升。在实施安全技能与核心技能虚拟仿真培训中，学习的根本目的是为了应用以提升保命意识

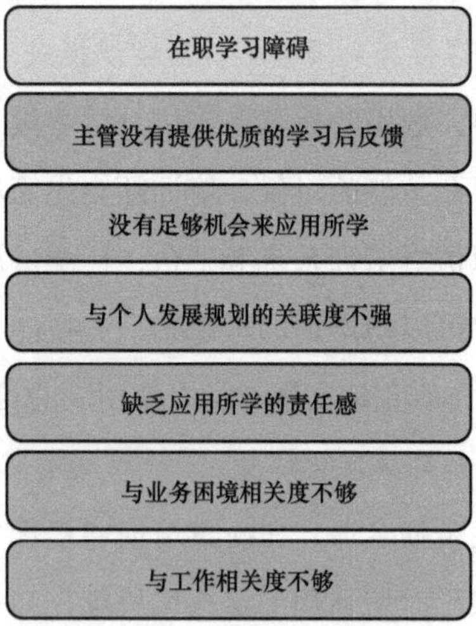

图 4–1　在职学习障碍

和保命技能。因为以往保命技能培训需要协调学员时间和实施场地，集中开展现场操作实施，时间总是宝贵，稀缺的时间要用在最有价值的事情上。所以，如果要开展虚拟仿真培训，就要与工作情境相关联，同时解决工学矛盾的问题。

对于企业来说，发展过程中会遇到种种变化和挑战，比如推出新业务、指标要增长、外部环境的变化等，培训管理者要时刻关注这些变化，挖掘新的需求，积极支持而非被动响应，在最合适的时机给予学习上的支持。对于员工来说，每个人的思维是适应于环境的，是情境化的，因为员工所觉察到的，他们想象其活动的方式，他们身体上所做的，是结合在一起发展的。

虚拟仿真培训实施一定是离业务越来越近，甚至是融合进业务的，因为它本来就是支持业务发展的一个要素，不能孤立与外，成为孤岛。

2.师资能力层面：充分驱动讲师数字化能力

从常规的企业讲师的角色定位及能力素质模型来看，讲师须具备讲义制作、课程讲授、课程开发和项目开发四项通用能力。讲义制作能力包括讲义内容编写、结构设计和制作技巧方面的要求，课程讲授要求讲师能够把握讲授内容、控制讲授过程、注意运用讲授技巧，课程开发方面更需要讲师具备课程结构设计和课程内容制作两方面的能力，而项目开发方面更需要讲师具备项目计划、项目实施等能力要求。

常规的培训方法中经常会用到情景模拟的方法，情景模拟法是指通过对事物发生与发展的环境、过程进行模拟，让学员在模拟情景的过程中领悟原理、掌握方法，从而获取知识和提升能力的一种培训教学方法。

虚拟仿真培训模式要设计实施成为帮助讲师解决情景模拟中的环境设定和过程、流程的设计部分，解放讲师备课和内容开发的压力和精力，帮助讲师更好的呈现课程内容和教学。在教育培训中，我们都会用到“经验之塔”模型，通过自身的直接经验和间接经验两个途径来获得知识和技能。

抽象的经验，指用语言符号和视觉符号作为媒介去获得事物的信息。其主要途径是“看”；观察的经验，指通过观察事物和载有事物信息的媒体而间接获得信息。其主要途径包括“看”和“听”；做的经验，指通过学习者的亲身体验和实际操作获得经验。其主要途径包括“看”“听”“做”，这样获得的经验通常印象更深刻，理解更透彻，更容易掌握。

虚拟仿真训练和培训模式就是在积累“做”的经验，通过大量亲身体验，去激发自身的学习和获取。而讲师则是化身为教员或者是服务指导的角色，帮助学员应用设备，增加体验感。

3. 教学设计层面：自控学习节奏

大多数的技能培训主要以作业流程、工具使用以及动作规范的培训为主，需要理论面授和现场实操练习。AR/VR 培训可以实现作业流程、规范、标准的模拟训练，学员可以在没有老师的情况下进行自主学习，按需选择练习的课程，随时随地自发学习行为，且可以反复训练，不受时间和地域的影响。

4. 教学场地层面：打破场地限制教学场景的创设

虚拟仿真技术的支撑，可以构建出任何技能实操的工作场景，包括各种技术型实操场景、复杂业务的流程、作业现场。各产业链中实际工作的任何场景都可以通过虚拟仿真技术创设出来，为各种专业、各种岗位的培训提供可能性。

（四）梳理实施流程

基于项目背景、目标以及设计思路的认识和理解，详细描述项目做整体规划，划分实施阶段，结合模型、方法论、实践经验给出具体的、可实施的开展流程说明。以虚拟仿真培训为例，将培训实施流程分为需求调研与分析、员工岗位能力分析、培训方案设计、推广内容策划、现场推广运营实施、提炼宣传总结，并逐一展开说明。

第三节

虚拟仿真资源部署

虚拟仿真资源的部署是基于软件层面和硬件层面，换而言之就是需要虚拟仿真培训室的建设、硬件设施的筹备以及各类软件的搭建支撑。广东电网培评中心在历年的实施推广中总结出了可平台化部署，轻量化运营的模式。在资源部署中，作为实施顾问，为地市局基地提供虚拟仿真培训建设指导，包括实操学习区域设计、硬件采购配置建议以及整体融合布置等，同时作为技术支撑，提供资源部署实施工作。

一、虚拟仿真培训室建设

为实现虚拟仿真培训的常态化运营实施，地市局培训基地会提出建设虚拟仿真培训室的需求，培训基地以解决生产问题，促进生产精益管理和保命技能能力培养为出发点，为各层级的员工提供培训场地和培训服务。为建设成知识型、技能型、创新型人才培养基地的要求，广东电网培评中心打破常规思路，和各培训基地一道自主研发数字化技术，将生产现场复制到常态化的技能培训中，逐步打造出覆盖典型生产场景的虚拟仿真实训教室，为解决安全生产主题的保命技能能力培养提供夯实的硬件支撑。

虚拟仿真培训室一般由沉浸式实操体验区、3D 展示区、大型电子立体沙盘区三部分组成。在功能布局上凸显专业、安全、规范三大重要主题，主要包括 VR 体验、仿真培训、指挥观摩、课程讲解等内容。将高度逼真、亲身体验的沉浸感植入实操培训课程，改变传统的培训模式，提供了与实际现场高度一致的培训环境，避免了现场跟班学习时没有故障无法操作、有了故障又不敢操作的尴尬，逐步打造覆盖典型生产场景的知识型、技能型、创新型虚拟仿真实训教室。

（一）建设虚拟仿真培训室的作用

1. 集成各领域虚拟仿真系统

集成各个领域的虚拟仿真系统，打造虚拟仿真中心，组建虚拟仿真培训云平台，通过云端技术等建立电网运行虚拟仿真培训支撑平台，使各仿真应用拥有网络化与仿真协同合作的运行环境，在技术上支持远程网络化仿真培训学习。利用规范而统一的学习行为采集技术来采集与存储仿真学习行为的数据，并且分析这些数据；设置仿真培训智能引导与自动评价子系统，综合考虑操作仿真行为与电网运行情况指标，从而真正地实现智能引导网络化仿真学习行为，并且自动量化评价这种学习行为；研究与开发进阶化虚拟仿真学习功能以便促使传统培训资源成功地向线上化、数字化转型。

2.驱动培训教学的数字化建设

驱动变电、配电、输电等相关专业培训教学的数字化建设，积极地适应虚拟仿真培训室的发展需求。通过部署虚拟仿真云系统，探索与应用新的教学方式，比如线上教学、远程辅导等。大力推广线上教学，使这种教学方式变得常态化，从而促使核心课程实现线上直播授课与在线测验。全面推广线上与线下的巧妙结合，使传统的课堂授课与线上课前自学、在线学习、课余辅导以及在线测试等灵活地结合在一起。

3.提升虚拟化培训教学的数字资源建设

应用虚拟仿真技术的基础之外，增强虚拟化培训教学的数字资源建设，以职业能力作为其至关重要的核心，增快涵盖多项教学资源，比如课程、课件、案例、微课以及试题库等的转化与建设的进程。制定建模标准，构建电力设备模型标准库，设置电力行业标准运营框架，在试点建立分布式虚拟仿真培训系统。这种分布式虚拟仿真培训系统涵盖多方面的内容，比如设计施工、运行检修、供电服务等。加大系统集成与研发的力度，促进虚拟仿真培训和生产环境紧密地结合在一起，打造出一种“时时能学习、处处可练习”的培训环境。

（二）建设实施步骤

1.场地规划

虚拟仿真培训室应具备：网络（内网）条件、大屏展示套件、数字化设备（包括AR/VR设备等）、应用服务器、打包服务器、移动终端等。场地里设置不同实操场景的操作区域，操作区域面积在3m×3m即可，便于学员在局部范围内自由行动操作。

在虚拟仿真培训室的建设流程中，网络环境的配套也应重视，表4-2主要从带宽、网络安全要求、局域网环境、电脑配置、VR 主机、路由器网关六个方面来讲述网络环境的配套。

表 4-2 虚拟仿真培训室网络环境配置清单

名称	说明
带宽	内网带宽要求不得低于 100Mbps
网络安全要求	按照计算机网络信息安全管理制度执行
局域网环境	局域网环境是否完整可用，检查项包括：有线、无线是否能够到达客户端使用区域，客户端设备之间、客户端设备与网络设备之间是否能够正常通信
电脑配置	CPU（Inteli7–8700 六核心十二线程）、内存（16GB、DDR42、666MHz。最大支持 64GB）、硬盘（300G 以上）
VR 主机	需要有独立显卡，最小不低于 GTX10708G 独显 DDR5
路由器网关	路由器需要有无线功能、并且配有最少 3 个有线 LAN 口

2. 技术部署

建设虚拟仿真培训室平台本地化部署，包括网络环境搭建、硬件部署、内容接入、平台调试等。在资源整合基础上，结合推广应用方案，由专人在基地负责实施和平台运维，确保实施现场使用顺畅。其中关键工作内容见表 4–3。

表 4-3 虚拟仿真培训室技术部署流程

步骤	说明
网络环境梳理	就建设单位现有网络环境做具体沟通，带宽、网络安全要求、局域网环境、电脑配置、路由器网关等设备级别等进行逐一确认，整理成网络环境情况表，用于下一步比对
确定部署方式	就建设单位现有网络环境情况，与建设负责人商讨确定具体的部署方式，以最简便不占用基地过多资源为前提，利用好现有网络连接设备、教学机电脑等硬件设备确定部署方式
配齐软硬件	通过网络环境梳理并确定部署方式，接下来需要准备软硬件设备，如应用服务器、大屏主机、投影设备、移动终端、VR 头显设备等等。按照前期沟通了解以建设单位提供为主，基地配合准备

续表

步骤	说明
部署测试	部署完成后开展系统、平台、网络等环节的测试和调试，以满足培训中使用为前提，确保设备运行顺畅，登录、切换、分离、组装、登出等无卡顿无延时

3. 软硬件配置

通过网络环境梳理并确定部署方式，接下来需要准备软硬件设备，如应用服务器、大屏主机、投影设备、移动终端、VR 头显设备等。表 4-4 为虚拟仿真培训室软硬件配置清单（具体数量根据基地实际使用情况做相应的增减）。

表 4-4　虚拟仿真培训室软硬件配置清单

设备名称	用途	配置
路由器	用于部署网络	小型路由器（4LAN 口，具备无线功能即可）
网线	用于部署网络	2m
台式电脑主机	用于虚拟仿真应用运转服务器	CPU：Inteli7-8700 六核心十二线程 内存：16GB、DDR42、666MHz，最大支持 64GB 硬盘：300G 以上
台式电脑（含显示器）	用于 VR 应用服务	CPU：Inteli7-8700 六核心十二线程 内存：16GB、DDR42、666MHz，最大支持 64GB 显卡：GTX10708G 独显 DDR5 硬盘：300G 以上
苹果 IPAD	模型库 IPAD 端，用于 App 应用教学	处理器型号：苹果 A91.8GHz 存储容量：32GB 屏幕尺寸：9.7 英寸 2048 × 1536 264PPI WIFI 功能支持，蓝牙功能支持 摄像头：双摄像头（前置：120 万像素，后置：800 万像素）
安卓 PAD	用于 AR 应用教学	内存：最小 4G
VR 头显设备（套）	用于 VR 课件的头显端查看	品牌：HTC
AR 眼镜	用于 AR 课件使用	品牌：微软 Microsoft hololens1

二、资源上传部署

安排平台资源管理员开展虚拟仿真培训资源梳理工作，结构化收集现有的与 3D 模型课件相关的培训资源，包括广东电网历年累积的虚拟仿真培训资源以及已有应用平台，基于工作任务要求目前具体分类包括：设备操作类（设备操作类的 3D 模型培训资源）、3D 视频类（安全生产类三维动画还原课件、专家工作室 3D 视频课件）、交互操作类（基于 AR/VR 终端的交互操作类培训课件）。

基于梳理工作筛选出可直接应用、分阶段应用的虚拟仿真培训资源。同时考虑各类培训资源统一平台的可实施性和可操作性，将可直接集成的培训资源做统一集成整合到网络培训平台，如有暂时不可集成的培训资源，将给出进一步优化的集成方案，并且将结构化的罗列各应用的技术参数、技术手段、运行和性能要求等，提供清晰明确的技术方案。资源梳理中充分考虑登录接口、网络要求、软硬件适配等因素。

第四节

虚拟仿真培训的运营实施

一、清晰界定权责关系

广东电网培评中心为确保虚拟仿真培训推广实施达到推广目标，使其成为提升员工岗位胜任能力的有效手段，尽量保证培训负责人、基地专家、班组学员共同参与其中，明确各层级在培训中的角色和作用，各司其职，以保证培训体系有效实施。各层级主要权责列明，图 4–2 为各层级的主要职责。

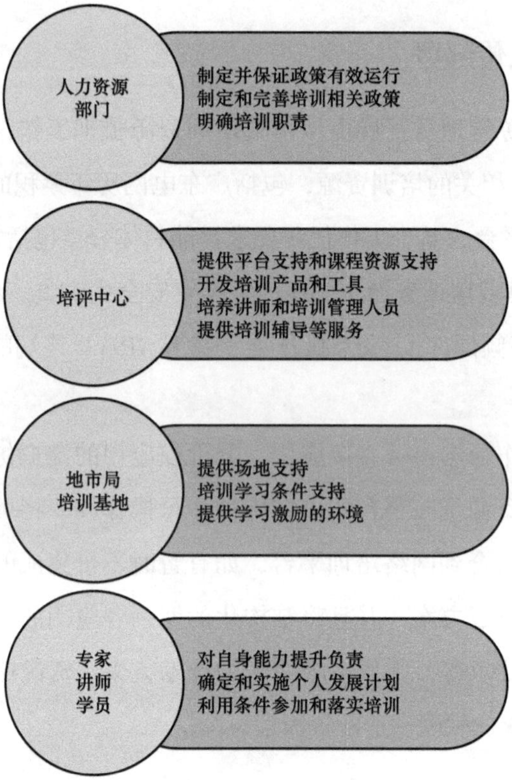

图 4-2　各层级的主要权责

二、确立实施保障

（一）管理制度保障

广东电网培评中心与地市局培训基地确认，创建虚拟仿真培训评价闭环管理机制，改变以往“重培训、轻评价、弱应用”的培训模式。广东电网培评中心提供资源和教学方法培训基地师资，师资认证后在基地开展虚拟仿真培训课程实施，总结教学方法、教学工具使用、教学环节优化等，并提出新的虚拟仿真资源开发需求，与广东电网培评中心联合开发，真正地实现“培训—授权—应用—反馈”全环节管理。虚拟仿真培训闭环管理机制见图 4-3。

（二）实施资源保障

培训资源层面从师资队伍建设、培训基地规划、创新平台创建等方面

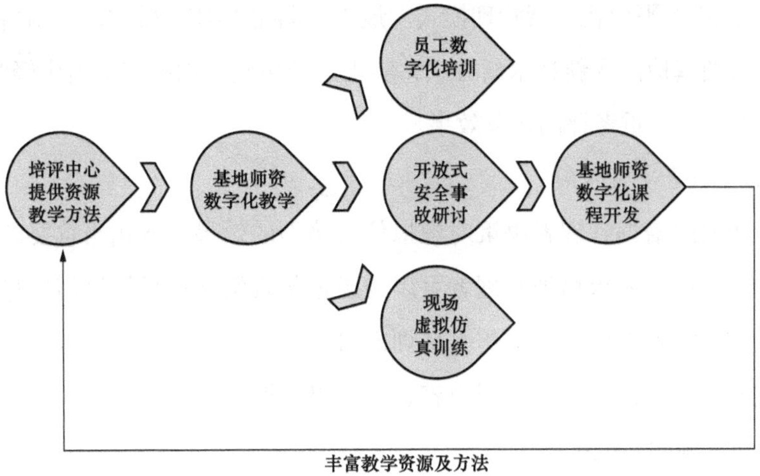

图 4-3 虚拟仿真培训闭环管理机制

进行培训体系的优化，进一步为培训体系优化策略的顺利实施提供可靠保障。关于师资队伍建设方面的内容，我们已经在第四章节进行详细的讲解，在这里就不再赘述。我们主要说明培训基地的规划与创新平台的创建。

（1）培训基地建设。协助培训基地建设虚拟仿真培训室，培养数字化实操技能型专业人才，打造可以覆盖全专业、全业务流程与全实景模拟的综合基地。该综合基地以切实解决生产问题，大力推进生产精益管理作为出发点，将场景式、流程式的技能培训与场景化体验提供给为各个层级的员工。为更好地适应创建知识型、技能型及创新型人才队伍的新要求，培训基地一定要打破常规的思维，各个基地需要自主研究与开发创新技术，在常态化的技能培训中复制生产现场，逐步成功地打造出覆盖典型生产场景的实训体验平台，为解决生产问题的技能培训提供强有力的硬件支撑。

（2）电力数字化学习平台部署。电力数字化学习平台在基地的部署，在培训实施过程中，聚焦关键岗位、实操实训、保命技能层面内容，发挥平台的技术和资源优势，推广到各培训基地本地化部署，“统一方案、统一资源、统一管理”。同时，根据各培训基地专业特色和资源情况相结合，形成“理论

+沉浸+实操”的平台化运营管理模式。最终，固化“推广”模式，复制“推广”动作，为培训基地注入新技术新方法，实现虚拟仿真培训推广落地中轻学习、轻实施、重实效、重考评的运营效果。

（三）管理者决策保障

培训基地的培训管理者决策对虚拟仿真培训的效果有着相当重要的影响与作用，所以这就要求培训管理者可以为虚拟仿真培训项目提供高质量的解决方案，可以清晰地确定虚拟仿真培训的目标，全方位地盘点现有的培训资源，有效地融合培训教材、培训内容、师资以及课件开发等内容，从而大幅度提升各项资源的匹配度。

创建现有条件与既定目标达成之间的各类渠道，再开展虚拟仿真培训项目的实施策划与部署。与此同时，积极主动地研发虚拟仿真培训的管理工具，用来提升虚拟仿真培训工作人员的效率。

三、师资培养与应用手册开发

（一）师资数字化能力培养

结合虚拟仿真培训模式推广计划，同步开展虚拟仿真课程授课师资认证，面向地市局培训基地的专家、内训师以及培训负责人，推广虚拟仿真培训混合式仿真学习模式，并指导掌握虚拟仿真教学设备的操作使用、课件知识点及教学逻辑、实操培训应用要点等，培养其独立授课能力、培训实施交付能力等，逐步为基地师资数字化赋能（培养数字化师资的详细内容可参见第四章内容）。

数字化师资在培训各环节的定位，清晰地知道培训师的角色定位，如图4–4所示。在不同的培训环节中，企业内部培训师所扮演的角色应当是不同的，并且全环节参与到培训中，这样才能对虚拟仿真培训有一个更加全面的认识。从多个角度去遵从虚拟仿真培训过程中讲师的角色，全方位修炼企业内部培训师的综合技能。师资数字化能力培养和开发实施见表4–5。

（二）应用手册设计开发

由于虚拟仿真课件资源丰富、内容形式多样、种类众多，实际培训中不

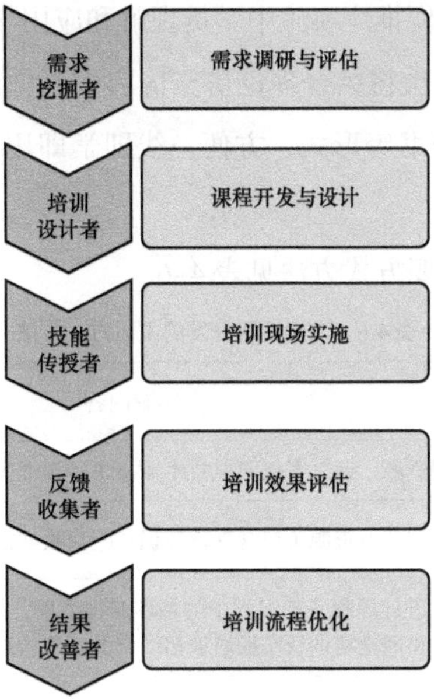

图 4–4　讲师在虚拟仿真培训中的定位

表 4-5　师资数字化能力培养和开发实施

实施工作	实施内容
师资数字化能力培养和开发	课程课件应用实施前，首先以“试讲模拟”的名义开展师资培训，把开发完的全套课件资源以试讲方式转授给内部讲师，同时提供讲义、应用操作说明等培训材料
	接着择优选择 2~4 名内部讲师作为面授培训的授课师资进行课程内容的转授，做到能讲授推广课程，能操作相应设备和系统，支撑运营团队做好技术支撑
	最后由合格师资担任培训实施阶段的讲师。至此打造一支含培训师资和支撑运营团队的培训应用师资队伍，用于课程讲授、案例补充、技术支撑等工作

能逐一使用，再加上应用推广过程中，考虑到要随时满足内部讲师提出的新需求，需将现有内容及资源做二次提炼，即在原有的推广资源基础上，开发出适合面授场景且满足新技术落地使用的可应用手册。包括理论知识讲义、配套培训教学视频和工具手册等。

（1）理论知识讲义。主要是开发紧贴一线业务需要的理论知识课件，符合现场作业要求，在培训实施阶段由内训师授课使用，辅助应用推广。

（2）配套 3D 视频。针对部分应用、系统的操作难点或关键点，开发出配套的操作讲解视频，方便推广实施中学员理解和应用学习。

（3）工具手册。本次将结合理论讲义内容编制详细的配套工具手册，形式将采用轻便化的电子书等形式，方便一线即学即用，辅助工作开展，使学习简单化、轻量化。

应用手册开发的主要方式方法见表4–6。

表4-6 应用手册开发的主要方式方法

实施工作	实施内容
应用手册开发	盘点现有应用资源，通过案例萃取技术输出讲师授课关键点、知识点、知识逻辑
	配套推广应用的学习资源（包含理论知识、配套教学视频和工具手册、设备应用等）
	依据应用方案设计课程实施过程中的培训课程清单，结合试点单位培训任务，设计网络培训平台和理论培训及实操培训相结合的虚拟仿真课程清单

四、现场运营实施

（一）现场实施角色配置

虚拟仿真培训实施现场，配置讲师、培训运营、技术运营人员。在整个培训运营方面，配备专人负责培训前、中、后运营工作，主要为培训前的学员情况问卷调研、培训物料及设备准备、师资协调准备和备课、学员群建设和热场等。培训中的串场主持、引导萃取、流程控制、技术支持、教学辅助、现场记录等。培训后的学员评估、案例收集、作业回收、简报撰写等见表4–7。

表4-7 虚拟仿真技能培训角色配置

实施角色	工作模块	工作内容
课程讲师	保命意识理论知识讲授	以虚拟仿真课程课件库的理论教学资源为内容，利用案例教学、视频教学、发散引导等方式，向员工宣贯保命意识理论知识
	安全事故案例分析	基于安全事故案例的3D视频为内容主题，引导学员以小组开放式讨论，分析直接原因、间接原因、暴露问题等
	保命技能实操指导	讲师与学员在体验区开展互动式教学，讲师讲解作业流程、作业重点、注意事项等，指导学员完成虚拟仿真实操训练

续表

实施角色	工作模块	工作内容
培训运营	专人负责	在推广培训前中后阶段，都配置专业人员专职负责运营工作，以达到培训体系落地的实施效果
	社群建设	组建线上学员交流群，便于运营过程中各方面的工作管理，如资料的准备与分发、行程安排发布与确认、内训师沟通、信息更新发布、问题汇总等
	现场支持	采取线上＋线下同步运营的方式，对培训老师进行现场的支撑和服务。包括现场主持、纪律维护、培训素材整理、突发状况处理、数据信息采集等
技术运维	技术支撑	全过程配置专业技术运维人员，在技术问题等方面对现场做技术支撑，同时辅助学员使用设备操作

（二）授课中的教学形式应用

在虚拟仿真技术下的技能授课呈现方式“四步法”。其中课程的第一个环节是导入，其目的在于有效地激发学员的学习兴趣，包含开场预告、总揽全程充当课程的开端。课程的核心部分为主体，以课程框架作为其逻辑主线，根据总分总的形式，使用数种授课技巧来讲解与演示内容或技能操作。练习是虚拟仿真培训的技能授课，其目的在于及时巩固授课效果，以学员的实际情况与授课内容作为依据精心地挑选练习内容与方式。课程总结的作用主要是回顾所学的知识，用来梳理内容、概括中心、提炼升华，帮助学员再次加深印象。虚拟仿真技能培训形式可参照表 4–8。

表 4-8 虚拟仿真技能培训形式

序号	培训形式	实现形式	实际应用
1	场景式	还原生产现场，全景立体呈现各种工况，让学员真实体验实际工作环境的复杂多变，有效提高学员的应对能力	对于装维作业人员的技能培训，通过打造一条接线线路的形式来还原现场，让学员在类似真实作业的场地进行各项技能练习
2	任务式	任务导向。基于一线班组的工作任务开展培训，从发现问题、思考问题到解决问题，将零散、单一的技能集合起来，训练学员的综合技能	例如对于营销类作业人员，按照任务卡的形式，在模拟接线平台上，完成装维营的全过程

续表

序号	培训形式	实现形式	实际应用
3	流程式	按照实际工作任务和场景情况，现场组成一个团队，按流程去完成一项工作，实现多工种、多岗位、多角色情景培训	例如将流程式教学应用于应急演练中，让故障排查、应急演练更贴近实际
4	体验式	游戏体验。通过戏剧、情景模拟、角色扮演的方式来进行实操练习	例如对于营销专业人员，练习与用户沟通的情景，熟练业务、练习服务技巧、积累解决突发问题的经验，提高服务客户的质量
5	案例式	互动、开放的新教学方式，通过知识、信息、观念的碰撞来起到启迪思维的目的	例如对于带电作业人员的培训，可以通过安全事故案例来学习，学员一起讨论安全事故发生原因、总结经验，对员工达到安全教育的目的
6	数字式	数字考评。建设考评系统，实现考评数据标准化、信息化	例如在实训场地建立培训运营监控中心，考评全程数字化，监控系统覆盖整个实训场地，全过程可追溯，确保考评公平、公正、公开

五、评估与优化

虚拟仿真培训结束后，需要向讲师、学员、基地培训负责人收集培训效果反馈，通过分析培训效果，有效地推进培训评价的结合。通常会通过柯氏四级评估模型（见表 4–9）来开展，反应层评估培训满意度评估，学习层评估技能掌握，行为层评估技能应用，结果层评估关注到培训管理层面的效益。

表 4-9　柯氏四级评估模型

维度	评估时间	评估目的	评估对象	评估方式
反应层	培训结束	评估学员对培训过程的满意程度	· 课程主题的重要性和及时性 · 课程总体进度安排和时间安排 · 培训讲师的表达及教学技巧运用 · 课程内容有效性和教材的质量 · 课程各类辅助材料的有效使用 · 课程场地设备及其他服务质量	· 电话调查 · 问卷调查 · 观察法 · 访谈法

续表

维度	评估时间	评估目的	评估对象	评估方式
学习层	培训前、中、后	衡量受训人员的学习效能，即学习成果获得程度，包括知识、技能、态度等	· 同课程内容相关的知识 · 同课程内容相关的技能 · 同课程内容相关的态度	· 测验问卷 · 实地操作 · 观察评分 · 小组研讨
行为层	培训 3 个月后	了解受训人员在工作上对所学知识、技能和态度的应用情况，即知识、技能、态度的实际应用程度	知识、技能和态度在实际工作中的应用状况	· 访谈法 · 调查问卷 · 360°评估
结果层	培训半年后	测量培训对组织产生的最终成果，即培训对于组织产生的经济效益	数量、质量、效率、安全、成本等具体目标，如生产率、离职率等	· 趋势线分析 · 训练前后对比法 · 专家评估 · 360°满意度调查

（一）反应层评估：培训整体满意度

反应评估是了解学员对培训项目的满意程度的重要工具，是掌握学员对于虚拟仿真培训的反馈积极程度的工具。开展有效的反应评估，可以从中把握学员的参训动机，并为合理设计后续课程项目提供参考。在实施反映评估时，需要遵循六大准则方能使反应评估的实施取得良好效果，反应层评估实施准则见图 4–5。

大多数培训项目的组织者或课程设计人员通过填写评估表或调查问卷的方式了解学员的反应情况，事实也证明，表单和调查问卷的确能够起到良好的评估作用。培训反应层评估问卷的问题示例如下：

（1）您对本次培训的主题如何评价？

（2）您对本次培训的组织管理人员如何评价？

（3）您对本次培训的设施条件如何评价？

反应评估结果的计算就是将反应评估的所有意见进行汇总并进行量化分析，这就需要赋予每个选项相应的、大家认可的分数。对于如“很满意、满意、一般、不满意、很不满意”，选项均会赋予等差相同的分值。分值的赋予本身

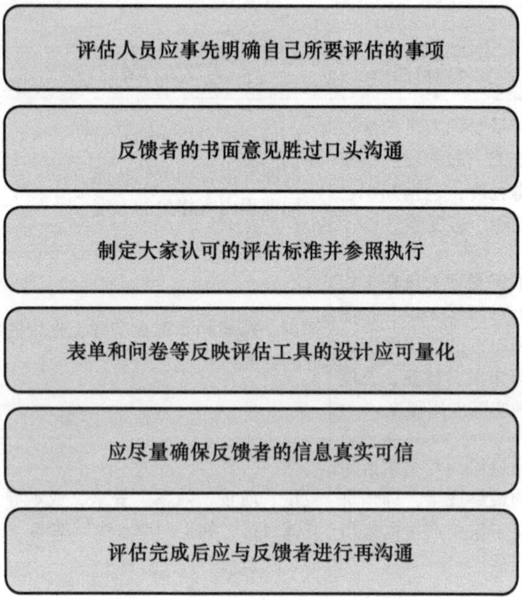

图 4–5　反应层评估实施准则

只是一种工具，对分值结果进行合理分析才是关键。

（二）学习层评估：学习成果收获程度

学习评估相对于反应评估要更为复杂，所需花费的时间和成本也相对较高。在描述虚拟仿真培训课程的目标时，主要聚焦学员技能提升的描述，而这也正是学习评估的主要对象，也是进行行为评估和效果评估的前提。

在进行学习评估时，比较常见的方法是通过纵向对比和横向对比，借助问卷、表格、面谈等工具把握受训人员知识、技能和态度的变化情况。

（1）纵向对比。指在培训课程开始前和培训完成后，通过问卷、表格、面谈等工具，针对不同课程的具体内容要求而实施的对受训人员知识、技能和态度的变化程度的了解和分析。针对的是个体受训人员技能的变化情况。

（2）横向对比。通过设定试验组和参照组，并对这两组的知识、技能和态度的变化情况进行分析，从而测定培训内容的效果。其中，试验组指接受过培训的人员，参照组指未接受过培训的人员。在确定试验组和参照组时，必须确保参照组和试验组具有相同的特征，如工作内容、工作时间、年龄特征、数量等。

（三）行为层评估：培训成果应用情况

行为评估相对于反应评估和学习评估而言，是更为复杂的评估。有的受训人员，具备了行为改变的能力，但由于缺乏可预期的回报而不去改变；而另外一些学员，具备了能力，也拥有可预期的回报，但缺乏行为改变的条件，无法完成改变；还有一些学员，不具备改变的能力，尽管其他条件具备，也难以完成行为改变的要求。行为改变取决于多个因素，如行为改变预期、行为改变的条件、行为改变的成本等。

（四）效果层评估：培训对组织产生的效益

效果评估是最为复杂和难以准确测量的评估级别。虽然组织有对培训项目的成本和收益进行量化分析以判断培训的必要性和重要性的需求，但是，由于培训管理人员不知道如何测量培训成本和培训结果，无法对培训效果进行全面、量化的评估。

培训人员进行成果评估可以通过对反应、学习、行为评估的优化和完善来进行。培训人员可以通过查找一些培训实施后实实在在的行为发生变化的实例和证据，以此来弥补无法全面、量化地对培训项目实施评估的缺憾。

第五节

实践案例：开展一场虚拟仿真培训

为深入落实公司关于开展保命教育的工作要求，提升一线作业人员的安全意识和保命技能。广东电网培评中心依托虚拟现实和增强现实重点实验室，聚焦技能员工保命技能培训数字化，构建了保命技能虚拟场景数字化培训体系资源库，在全省内实施规模覆盖推广，并实践总结出可持续推广的保命技能虚拟仿真培训模式。

广东电网培评中心基于丰富的虚拟仿真推广经验，将虚拟仿真培训应用于某地市局的“四段式”安全技能训练的第二段“班组自主训练”，积极服务安全生产培训，促进员工将保命技能转化为“肌肉记忆”，让“要安全、懂安全、能安全、落实作业安全”成为员工的行为习惯，为公司构建一流的保命技能培训体系提供保障。

一、实施目的

（1）统筹规划。开展运营管理的顶层设计，统一运营要素配置，避免重复建设；统一运营管理框架，规范运营管理工作；统一平台技术架构，提供良好的用户体验。

（2）赋能业务。结合地市局业务刚性需求的导向，充分发挥运营管理的服务属性，将运营管理深度融入公司组织架构、制度体系、业务流程、数字化建设当中，沉淀业务成果、赋能业务发展；推广和应用业务知识，并转化为员工技能，大幅提升工作质量和效率，高效解决工作中的问题。

（3）促进共享。从业务、流程和数据三个层面打通各领域的“运营孤岛”，实现内外部多源经验共享，完善公司经验和案例捕获、总结提炼与推广共享机制，通过正向激励激发员工参与培训与评价的积极性和创造力，营造良好的协同共赢氛围。

（4）智能应用。应用虚拟仿真等先进技术，实现数据智能、机器智能和群体智能的融合；大数据知识管理与企业的数字化转型和智慧企业建设融合，服务和支撑企业管理决策、科研生产以及客户服务的智慧化。

二、需求识别

本次需求识别包括专家、内训师、班组人员，因此可将这三类人群分类，分为普遍需求识别和个别需求识别。普遍需求识别是需要识别某个专业序列员工群体人员的共同培训需求，一般采用在线问卷形式；个别需求识别是以个人为需求主体的培训需求，一般可采用面对面访谈的形式。

（一）普遍需求识别：在线问卷调研

将调研问题标准化，以在线问卷的形式罗列出一组问题，方便班组人员打分或是做出选择。具体的操作流程包括：列出本次需求调研需要了解的事项清单；问题包括封闭式问题和开放式问题，根据调研实际情况分配两者的占比；完成问卷内容编辑后在线发布，联系培训负责人组织调研对象在线完成问卷填写，并评估调研结果。表 4–10 是本次虚拟仿真培训调研问卷的内容。

表 4-10　虚拟仿真培训调研表

序号	问题类型	内容
1	单选	您是否参加 / 听说过保命技能虚拟仿真培训？
2	多选	您认为影响培训效果的因素包括什么？
3	多选	鉴于您目前的专业特点，您认为最有效的培训方法是什么？
4	多选	您认为开展一次虚拟仿真培训，多长时间您比较能接受？
5	单选	您对目前自己技能水平增长的速度是否满意？
6	简答	贵供电局是否有就近培训基地，往年是否开展了保命技能仿真培训，是否有意愿开展，培训基地是否支持，是否愿意在本局部署仿真培训资源，如愿意培训中心可否提供技术支持和培训资源，联系人是谁？
7	简答	在过去几年，广东电网培评中心在虚拟仿真应用的开发方面已经比较成熟，比如机巡作业、机器人巡检、数字化变电站等。基于这些新技术和培训的结合，使得一线员工能更直观的掌握理论知识、安全规范、实操要求等，广东电网培评中心聚焦技能人员保命技能训练，您对哪些课件有培训需求？
8	简答	对于技能训练和技能考评采用实操和虚拟仿真相结合，您是否接受？对于将两种手段配合使用，发挥更多作用，您有什么好建议？
9	简答	广东电网培评中心虚拟仿真培训将提供包括 VR 体验、仿真培训、指挥观摩、课程讲解等内容，您是否有意向组织地市局技能人员前往省培评中心开展集中培训？
10	简答	为了强化技能人员保命技能，您认为哪些作业场景需要被开发成虚拟仿真课件，以此强化技能人员保命技能？
11	简答	如果为日常班前会或班组培训提建议，您认为哪些方面需要改进？

（二）个别需求识别：面对面访谈

1. 调研访谈安排

开展调研访谈，需实现和地市局培训基地的对接人做好前期对接与沟通，包括访谈时间安排、访谈人员确定、访谈内容确认、访谈时长确认，为访谈前期做好规划和部署，保证调研访谈的顺利开展。表4–11是调研访谈的安排议程。

表 4-11　需求访谈议程表

广东电网培评中心	项目负责人、培训运营负责人、技术负责人	
地市局培训基地	培训负责人、基地专家、基地内训师、员工代表	
议程	内容	计划时间
议程一 背景介绍和合作对接	· 介绍项目简要情况 · 介绍项目组成员 · 介绍前期已开展工作 · 培训实施方面的设计 · 安排人员对接和任务下达	30min
议程二 培训推广事项探讨	· 部署资源对接及准备 · 培训方式方法探讨 · 课程和师资确定 · 培训实施设计探讨	60min
议程三 培训基地场地走访	· 走访熟悉软硬件环境	60min

2. 调研提纲准备

开展访谈前需要组织和罗列需要访谈的内容提纲，确定访谈的目标及要访谈的对象，明确什么信息是最有价值的、必须了解到的。与内训师、专家就虚拟仿真培训的各个层面展开详细了解，建立融洽的、相互信任的访谈气氛。调研提纲可提前发送给访谈对象，以便对方做足准备，保证信息获取的全面性。

三、需求分析

完成需求调研后，需要整理、归类、分析调研的内容，基于典型岗位评价模型分析调研对象目前存在的问题和需求，匹配课程资源和培训模式。

（一）岗位评价模型分析

本次针对变电巡维中心站的人员开展调研，结合巡维中心站员工的岗位评价模型分析，员工的主要培训需求在于提升变电站基础设施的验收能力（见

表 4–12）。同时，调研对象更能接受以实操为主的技能培训，并对虚拟仿真交互式课件表现出极大的兴趣和使用需求，对培训的 3h 以内的培训时长在可接受范围内。

表 4-12　巡维中心站岗位评价模型

要素名称	评价内容	站长	副站长	值班长	值班员
变电设备验收	1. 变电站基础设施的验收	√	√	√	√
	2. 变电一次设备的验收	√	√	√	√
	3. 变电二次设备的验收	√	√	√	√
	4. 新设备投运充电原则	√	√	√	√
	5. 设备修试结果分析及设备评级	√	√	√	√
	6. 设备大修后及新设备交接的试验与质量验收工作	√	√	√	√

（二）精准匹配培训课程

通过以上分析方法，对巡维中心站的技能人员的群体画像、典型工作场景、岗位评价模型分析后，得出该类人员在无人机日常巡视能力上欠缺，基于成本考虑，也缺乏经常实操训练的机会。找出能力缺失项以及岗位的要求，项目调研成员以培训需求结果和虚拟仿真课程课件库匹配，精准匹配出可以满足需求对象的培训课程。

四、教学方法设计

本次培训共举办 3 期，覆盖供电局变电专业员工，依据前期调研访谈，培训形式采用保命技能安全教育结合虚拟仿真体验式学习。

保命技能理论授课：广东电网培评中心安排老师面授培训保命技能理论课程，宣贯习近平新安全发展理念、南网安全理念、“六条铁律”“十项平安温馨提示”等内容。现场组织学员观看安全事故教学视频“7.30 安全事故”和“5.11 安全事故”，并针对安全事故案例展开讨论和分享。

保命技能虚拟仿真体验：分批组织学员在虚拟仿真实操场地体验，讲解体验学习流程和注意事项，指导学员完成 VR 和 AR 应用体验学习。

（一）实操训练环境的虚拟化

通常情况下，在实操训练过程中教学条件会对其产生极大的制约，比如场地设施小、器材成本高、材料消耗大。但是，如果将虚拟仿真技术作用到实践教学中，不仅可以在进行现实实践教学之前，在计算机上搭建虚拟实践场地，建立真实的实训环境，并且在虚拟仿真设备上可以直接改进和优化实践教学的环境。利用在电脑上虚拟化教学环境的技术，可有效的解决场地设施小、器材耗损大的问题，可正常模拟成本高、操作复杂、周期时间长的实操训练过程，增加模拟操作次数，提高教学的实际效率。

（二）实操训练空间自由化

利用虚拟仿真技术进行实操训练，不仅可以随时进行实训，而且可以循环多次、无危险、无损失的情景式实训；还可以随时随地有机组合特定对象和发生的事件进行虚拟实训。换句话说，利用虚拟仿真技术进行实操训练，技能人员不再受到时间的限制和空间的限制，随时随地进行学习，进行虚拟实训体验，并从实训体验中不断积累经验，在循环多次摸索过程中，充分发挥学习主动性和实践积极性。

（三）逐步驱动训练动机和实践兴趣

虚拟仿真技术集多项功能于一体，比如声音功能、图形功能、文字功能等，可以为技能人员提供良好的学习机会，提高技能人员的感知能力，即利用虚拟仿真技术建立接近真实的学习场景、提供实时人机交互、展示多重感官刺激，加深了学习的专注程度，并给技能人员带来愉悦的积极情绪，对提高技能人员的学习主动性和积极性非常有利，确保了教学活动能够正常进行下去。比如，在讲解台风应急防控的紧急情况时，利用虚拟仿真技术建立接近真实的虚拟场景，学员自主进入灾害现场并感知现场实施作业场景，这种四维展示方式所带来的体验感，远比二维方式的强，而且也极易将学员的学习激情充分调动起来。

（四）真实还原情境化教学

在学习理论知识时，与情景式教学配合可以产生良好的效果。技能人员通过特定场景来建立知识结构，能够起到意想不到的效果。利用虚拟仿真技术建立逼真的学习情景，技能人员可以在这个情景中自主建立知识结构。

在实操实践教学过程中，通过创建虚拟实操设备和工器具的操作场景，让学员在该场景中了解各种工器具和设备的操作手册、各种材料的使用方法，并在其中模拟现实工作场景中的相关操作、安全隐患、风险处理等，形成非常逼真的立体效果。在实操训练时，建立虚拟变电场，同时利用虚拟仿真技术模拟仿真现实现象，可以通过可视化形式将现场布置、设备、工器具等现象呈现出来，然后在虚拟变电场中模拟实操，熟悉实验步骤，观察虚拟实操的结果；在设备拆解训练中，利用虚拟仿真技术对工器具的外观、零件、功能等利用 3D 建模技术重建，仿真重现设备的拆解原理、内部构造、工作流程讲解，为学员掌握工器具的拆解提供有效帮助。

五、本地化部署

技术运维人员以网络配置清单（见表 4-13）确认现场配置情况，从带宽、网络安全要求、局域网环境、电脑配置、VR 主机、路由器网关等方面开展虚拟仿真培训部署，完成技术部署。

表 4-13　虚拟仿真培训室网络环境配置清单

名称	说明	是否满足
带宽	内网带宽要求不得低于 100Mbps	满足
网络安全要求	按照计算机网络信息安全管理制度执行	满足
局域网环境	局域网环境是否完整可用，检查项包括：有线、无线是否能够到达客户端使用区域，客户端设备之间、客户端设备与网络设备之间是否能够正常通信	满足
电脑配置	CPU（Inteli7-8700 六核心十二线程）、内存（16GB、DDR4、2666MHz、最大支持 64GB）、硬盘（300G 以上）	满足
VR 主机	需要有独立显卡，最小不低于 GTX10708G 独显 DDR5	满足
路由器网关	路由器需要有无线功能，并且配有最少 3 个有线 LAN 口	满足

（一）本地化部署

在培训基地进行基础环境调研，掌握网络条件、软硬件设备条件、课室资源情况、培训课程场景等信息，调试虚拟仿真培训资源，包括变电站基础设施验收（VR）、清障作业（VR）、220kV 变电站倒闸实操演练。

（二）部署调测试

开展系统、平台、网络等环节的测试和调试，以满足培训中使用为前提确保设备运行顺畅，登录、切换、分离、组装、登出等无卡顿无延时。

（三）现场准备

培训实施前一天，按需布置课室，准备培训物料。包括学习收获墙、便利贴、布置座椅和实操区环境等。

六、现场实施

（一）保命意识理论授课

内训师手持移动端设备，基于 3D 模型场景或 3D 模型库，讲解保命意识理论知识，动态展示课程内容，摆脱传统 PPT 平面展示的形式，升级为 3D 立体展示，可以更灵活多变的转换设备及其应用的视角，配合内训师的讲解使课堂更为丰富而生动。

（二）安全事故案例讨论

内训师可以采用虚拟仿真课程课件库中的 3D 视频课件，作为安全课人身事故分析的案例，课程中可以逐一播放 3D 动画视频展现案例始末，引导学员分组讨论，画“事故树”做事故主要原因和间接原因分析，用可视的案例激发研讨，加强安全生产教育。

（三）保命技能虚拟仿真实操

体验式教学主要以 AR/VR/3D 模型形式的应用课件体验为主，也是虚拟仿真培训推广的重点推广内容。现场分不同体验区引导学员分批完成不同课件的体验学习，由内训师或专家做指导和示范。内容包括 VR 倒闸操作、巡视、事故处理、VR 运行转检修模拟操作案例、3D 模型主变压器及其设备拆解等，具有丰富的场景感和体验感的特点。

（1）实训室体验式教学。体验式教学主要以 AR/VR/3D 模型形式的应用课件体验为主，也是虚拟仿真培训的重点推广内容。现场分不同体验区引导学员分批完成不同课件的体验学习，由内训师或专家做指导和示范。内容包括 VR 倒闸操作、巡视、事故处理、VR 运行转检修模拟操作案例、3D 模型主变压器及其设备拆解等，具有丰富的场景感和体验感的特点。

（2）多人协作体验式教学。重点应用台风应急演练多人协作课件，将多人同步协作演练应用在体验式培训中，同步实现 6 名学员作业实操。学员在虚拟场景中通过分工，互相协作配合，完成灾害前的准备工作、灾害中的抢修工作以及灾害后的修整和总结工作，作业技能与岗位需求相匹配，完善训练实操技能体系。

第五章 虚拟仿真培训品牌的建设与运营

基于虚拟仿真技术的电力仿真培训实践，是贯彻落实国家创新驱动发展战略，深入践行南方电网公司“诚信、服务、和谐、创新”的企业理念，主动适应改革新常态，革新培训体验，创新培训模式，打造自主品牌的重要举措。随着虚拟仿真培训的组织体系、产品体系、服务体系的完善，也为了更好实现业务承载，建立用户口碑，吸引更多流量，面向未来的持续发展，需要构筑电网保命技能虚拟仿真培训的品牌运营，满足组织和员工的价值主张。

随着虚拟仿真培训在专家、内训师、新员工群体的规模常态化应用落地，真正地实现了数字化新技术的培训模式创新。依靠创新管理模式，统一筹划教学资源管理，驱动公司安全生产培训领域的数字化转型。推广新技术、输送课程与培养师资，在行业内成功地营造出数字化创新氛围。

第一节

虚拟仿真培训品牌的价值

随着企业培训的形式和内容逐渐地趋向于饱和，差异化的变革也异常激烈。在这样的背景下，企业培训应该怎样做才能保持优势，很显然，高度重视培训产品，打造自己的培训品牌，是一种明智的选择。打造独具特色的电网保命技能虚拟仿真培训品牌也是相当重要的，而这也是电网保命技能虚拟仿真培训持续发展的要求。

一、虚拟仿真培训的角色定位

随着电网保命技能虚拟仿真培训规模发展、模式建立、覆盖面扩大，自然会形成各种各样的培训方法论和工具。当电网保命技能虚拟仿真培训真正地变成学员工作中的好助手时，企业培训管理者或者培训机构的管理者就应当引进品牌管理的理念，通过学习品牌的打造来加深培训企业或者培训机构上下对电网保命技能虚拟仿真培训的价值认同，让电网保命技能虚拟仿真培训在公司培训体系中占重要地位。

在电网保命技能虚拟仿真培训品牌的建设阶段，要紧紧地围绕电网保命技能虚拟仿真培训的特性价值，提高电网保命技能虚拟仿真培训项目的价值产出，从而为企业的绩效提供良好的助力，更好地为人才培养服务。电网保命技能虚拟仿真培训品牌的建设对培训企业的发展有着极其重要的意义。在电网保命技能虚拟仿真培训品牌打造的过程中，可以围绕下列几个核心来发挥其价值。

（一）赋能培训企业成长

结合数字化时代培训企业的发展趋势与企业愿景，切实地解决培训企业的战略问题和发展问题。电网保命技能虚拟仿真培训品牌的核心应当在立足于虚拟仿真培训诸多特性价值的基础上，与培训企业的核心价值、业务发展以及文化理念一脉相承，竭尽所能地做到把培训企业的各级要求一层一层地分解到电网保命技能虚拟仿真培训可以执行的程度，确定培训企业的战略导向与人才需求缺口，精准地区分人群，划分专业，创建为人才发展与绩效增长服务的电网保命技能虚拟仿真培训品牌体系。

（二）充当业务的伙伴人

电网保命技能虚拟仿真培训品牌要为业务发展而服务。在开展源于业务需求的电网保命技能虚拟仿真培训时，通过“细分员工的学习期望——挖掘业务需求和培训目标——和业务部门合作内化业务经验——设计培训方式”的流程，开展以业务需求作为驱动的电网保命技能虚拟仿真培训。要评估培训群体的培训目标与学习期望，并且和业务部门携手合作，内化业务经验，创建电网保命技能虚拟仿真培训体系来确保培训的最终效果，从而满足企业、业务、员工层面的期望。

（三）实现企业知识管理

通过电网保命技能虚拟仿真培训品牌的持续运营来打造企业知识管理体系。在一般情况下，想要构建企业的知识管理体系，就应当整合、提炼与管理员工的知识与经验体系，采用数字化思维来引导与整合企业的业务与专业层面的知识架构，帮助企业沉淀知识，构建教学相长的动态知识管理架构，内化、传递知识，从而帮助员工更好地适应时代的变化。企业知识管理可以有效地规划与管理员工在工作过程中生成的知识经验、工作经验以及知识创造过程等。

优秀的电网保命技能虚拟仿真培训品牌建设可以有效地促进电网保命技能虚拟仿真培训在公司的价值最大化。通过品牌建设和运营，电网保命技能虚拟仿真培训项目可以为企业战略和业绩目标的完成服务，与企业工作密切融合在一起，真正地实现无缝对接。

二、品牌价值输出

（一）创新实用：开创数字化培训新模式

建立常态化虚拟场景化数字培训管理模式，由广东电网培评中心统筹管理，实现教学资源集中化管理运营。结合公司数字化建设加快平台化、网络化建设，固化管理模式，提升培训覆盖率。互动式场景化教学，实现授课方式创新，提升学员培训体验感。差异化分专业开展资源开发，提升教学针对性，不断增强员工自保互保能力，更好为公司一线员工安全技能提升提供培训和生产服务支持。

（二）降本增效：实现培训成本节约

应用虚拟仿真培训缩减培训耗材开销。通过数字化建模技术，严格地遵从安全作业规范，建立与生产场景比例相等的实操模型。学员不再需要前往现场实际操作，就能达到与在现场实际操作相同的效果，这就大幅度缩减了接头、线缆、绝缘设备以及工器具等现场耗材使用的成本。优化了培训的投入产出比。通过效能测算可以知道，与传统实操培训相比，在虚拟仿真培训管理这一创新项目中开展实操培训可以节约超过60%的时间，完美地解决了工学矛盾问题，大大提升了培训效能，使培训工作发生极其重大的转变，由以往的成本型业务变成利润型业务。

第二节

培训品牌的基本要素

电网保命技能虚拟仿真培训品牌建设应当具有三大要素：第一，品牌定位；第二，品牌的推广宣传渠道；第三，品牌的推广机制。

一、定位：打造多层次培训项目体系

品牌定位是品牌经营的第一重要任务，是品牌建设至关重要的基础，是品牌经营能够取得影响力的前提条件。在电网保命技能虚拟仿真培训品牌建设中，自然也要对其品牌定位给予高度的重视，可以尝试着打造多层次的培训项目，使电网保命技能虚拟仿真培训的品牌定位变得更加丰富。

将企业发展战略与人才培养、业务培训需求、员工的培训需求结合起来，形成以企业文化理念作为重要基调，以多层次人才培训项目作为重要依托，以岗位胜任力作为重要基础的培训项目体系，保证电网保命技能虚拟仿真培训项目能够满足企业、业务、员工层面的培训期望。电网保命技能虚拟仿真培训可以聚焦不同的人群，主要包括以下三大类：

（一）人群定位

1. 以新员工为培训对象

以新员工作为培训对象开展虚拟仿真培训，为新员工创造更好的场景化的学习体验。在安全操作、流程规范、设备应用等方面加强重点体验学习，在新员工集训期间，给新员工植入可视的互动体验式学习内容。

2. 以技能人员为培训对象

以技术技能人员为培训对象开展虚拟仿真培训。结合实际调研、需求访谈以及一线技能技术人员的工作场景，打通培训与工作的界限，实现训产结合式的学习，解决工学矛盾。使技能人员掌握一到两个应用，在实战场景下辅助其应用模拟，在班组内师徒传帮带中发挥作用。

3. 以内训师为培训对象

以内训师为培训对象开展虚拟仿真培训设备和教学资源培训，通过现场指导与实操传授，驱动内训师作为教学的引导者了解、熟悉、常态化使用虚拟仿真培训资源，熟练掌握 3D 模型辅助教学、VR 类应用辅助实操演示等，创造传统培训手段无法达成的教学环境，并且能够举一反三提出创新教学理念与方式。

（二）价值定位

1.内容价值：紧密贴合业务侧需求

虚拟仿真培训的第一要求就是：创建紧紧贴近作业路程的虚拟场景，即学即用。也就是“实用主义学习”，侧重于岗位辅助与保命技能的提高。在保命意识、保命技能虚拟仿真培训的实施中，学习的根本目的就在于应用于实际的岗位工作中以提高保命意识与保命技能。因为以前的保命技能培训需要与学员的时间、实施场地相协调，集中进行现场操作实施，时间往往是比较宝贵的，稀缺的时间就要用在价值最高的事情上。

倘若推行虚拟仿真培训，就要和学员的工作情境相关联，同时将工学矛盾这一问题解决好。对于广东电网而言，在具体的发展过程中会遇到诸如推出新业务、指标要增长、外部环境的变化等各种各样的变化与挑战，所以培训管理者要随时关注这些变化与挑战，尽力挖掘新的需求，并且给予积极的支持而不是被动的响应，在最合适的时机在学习上给予大力的支持。对于员工而言，每个人的思维是要与环境相适应的，是情境化的，因为员工所意识到的，他们想象其活动的方式，他们本身所做出的行为，是结合在一块发展的。

虚拟仿真培训肯定是距业务越来越近，甚至是融合进业务的，因为它原本便是对业务发展表示支持的一个重要要素，不可能孤立与外，成为一座孤岛。

2.考核价值：实现考核形式和结果更直观

应用AR/VR技术的虚拟仿真培训和考评系统可以根据实际的需要创设出任何虚拟作业场景与设施设备，完美地模拟出各类故障、事故与事件，严格地按照流程与要求开展培训与考核，并且较好地记录、统计与分析学员的培训考核情况。相较于传统的培训考核，虚拟仿真培训的考核内容更加直接，考核结果更加真实，同时考核成本也更加低廉。虚拟仿真培训的学习直接与考核挂钩，可以通过考核来检验学习过程与结果，把考核当作学习过程的闭环，及时地反馈给学员与管理者，是非常重要的评价抓手。所以说，与传统培训考核相比，虚拟仿真培训的考核更加直观。

3. 成本价值：驱动培训实施降本增效

应用 AR/VR 技术的虚拟仿真培训系统可以模拟场景，学员在具体操作时可以按照流程来执行，不需单独或者重复购买培训设备或课件，整套系统能够反复使用，没有任何的损耗与易耗，后期的维护成本也比较低，人力与成本投入仅限于虚拟仿真课程内容的开发，而不用担忧系统或者平台的多次开发，而且根本用不着大量重复的购买。另外，虚拟仿真培训为学员提供更多实操机会，可以让学员在虚拟的环境中实操练习，大大提高了培训效果。所以“降本增效”是虚拟仿真培训的一个非常重要的特性。

4. 模式价值：突破场地培训限制

虚拟仿真技术的支撑。虚拟仿真培训可以成功地构建出包含各类技术型实操场景、复杂业务的流程、作业现场在内的任何技能实操的工作场景。各个产业链中实际工作的任何场景都能够借助 AR/VR 技术创设出来，从而为各类专业、各类岗位的培训提供可能性。

根据具体的培训场景，打造新员工技能培训、一线生产人员技能培训、高级技术人员技能培训以及内训师技能培训等不同类型的电网保命技能虚拟仿真培训项目。企业的每一个员工都能找到对应的培训项目来满足自身职业发展诉求、学习诉求，实现对电网保命技能虚拟仿真培训品牌的价值认同。

二、渠道：多样化宣传渠道，精准输出品牌效应

电网保命技能虚拟仿真培训是否能够做得成功，与其品牌的宣传推广有着很大的关系。这里所说的“品牌宣传推广”，指的是培训企业通过各种推广宣传渠道，塑造电网保命技能虚拟仿真培训品牌形象，达到消费者普遍认可的一系列活动。品牌宣传推广的最终目标在于加深消费者对电网保命技能虚拟仿真培训品牌的认知，提高销售成功率，从而为培训企业带来更高的利润。企业可以通过内外部宣传推广来建设电网保命技能虚拟仿真培训推广渠道，对不同的电网保命技能虚拟仿真培训项目及目标人群，采用不同的培训推广模式。

（一）内部宣传推广

1. 围绕应用推广效果做宣传

围绕应用推广的效果做宣传，进行 H5、长图文、短视频等线上宣传形式，在电力数字化学习平台等内部网络平台做好培训预告、培训内容、培训现场、学员反馈、讲师成果及成效等推广宣传。基于电网保命技能虚拟仿真培训推广应用的经验，做好推广实施模式的提炼，形成电网保命技能虚拟仿真实验室常态化培训应用指导，并且在培训行业刊物上发表学术论文，体现项目的实际价值与内外影响力。

2. 采用多种宣传渠道做推广

收集虚拟仿真培训室学习班讲师与学员对于课程内容、授课方式、互动形式、组织形式等方面的反馈，输出总结报告。总结提炼部署实施模式，实施流程等可以被固化与复制的做法，并且持续优化，形成良好的推广模式。以往内部宣传渠道主要包括培训班展架宣传、平台与课程宣传单页、公众号推文、培训总结 H5、内部刊物发表文章、制作项目成果宣传片以及邀请领导参观实训室等。

（二）外部宣传推广

1. 媒体宣传

在具体实施的过程中，做好推广资料、素材以及影像等的搜集与整理，根据电网保命技能虚拟仿真培训开展的时间与进度，在关键时间节点，做好推广实施期间的撰写宣传推广文章，突出电网保命技能虚拟仿真培训的推广特色、创新管理特色、数字化应用以及精准培训的高效性等，在国家级新闻媒体上发表精彩的宣传文章，打造保命意识、保命技能虚拟仿真培训的创新培训管理模式与数字化品牌形象。

2. 成果发表

在行业权威期刊或者国家级有影响力的期刊上发表论文。论文以研究保命意识、保命技能虚拟仿真培训的推广模式、师资队伍建设、特色资源开发、数字化培训室建设、创新机制推进等内容作为主体，表现数字化创新培训模式的科学性、先进性与实用性，并且总结成可固化通用的模式，造成一定的行业影响力与社会影响力。

三、机制：完善品牌推广机制，延续品牌认同感

企业培训可以从电网保命技能虚拟仿真培训项目开展实际出发，在电网保命技能虚拟仿真培训项目中通过学员互动活动，比如，微信互动、学习数据收集以及线上意见收集等手段，了解学员真实的使用感受，根据反馈建议不断地修正运营计划，推送具有较强吸引力且质量优秀的培训内容，巩固电网保命技能虚拟仿真培训的实用性，创建正面的电网保命技能虚拟仿真培训品牌形象。

对于精准类推广的电网保命技能虚拟仿真培训项目，比如，电网某些保命技能的培训，基于员工岗评报告，定位目标员工的能力短板，根据目标人群的实际情况与需求制订培训项目的推广计划，通过多种方式，比如，核心课程精准推送、专题活动策划以及每月培训学习跟踪等，引导目标员工开展电网保命技能虚拟仿真培训，促进电网保命技能虚拟仿真培训的转化，让学员在虚拟仿真的环境中增强学习兴趣，从被动学习转变成主动学习。

另外，培训企业还要创建两种推广模式，即日常运营推广模式与专项活动推广模式，通过持续的运营把电网保命技能虚拟仿真培训品牌立体化，电网保命技能虚拟仿真培训品牌要与培训项目的定位与特点结合起来，设计符合培训企业特色的品牌标识。比如，个性化标志设计等，给予目标受众高度的品牌识别，创建起与众不同的培训栏目。

总而言之，在电网保命技能虚拟仿真培训竞争日益激烈的当下，构建电网保命技能虚拟仿真培训品牌是新形势下对培训企业提出的新要求，同时也是电网保命技能虚拟仿真培训价值与认可度的必然途径。

第三节
培训品牌的运营手段

品牌运营指的是利用品牌这一最重要的无形资本，在营造强势品牌的基础上，更好地发挥强势品牌的扩张功能，促进产品的生产经营，使品牌资产有形化，实现企业长期成长和企业价值增值。

对于电网保命技能虚拟仿真培训品牌来说，合适的运营手段不仅有利于培训项目的销售与扩张，而且也有助于培训企业的发展。通常来说，电网保命技能虚拟仿真培训品牌的运营手段主要可以分成以下两大类：

一、内容日常推送

在打造电网保命技能虚拟仿真培训品牌持续影响的过程中，要设计电网保命技能虚拟仿真培训栏目的内容更新矩阵，固化栏目的运营模式，包含日更类与周更类栏目，制定 App 日营化运营与微信公众号运营计划，形成比较好的栏目品牌体系，尽可能地增强平台用户的黏性，从而实现持续营销的效果，促进用户数的持续增长与活跃度。

二、保证员工的活跃度

电网保命技能虚拟仿真培训品牌价值认同的建立，依赖于员工持续使用电网保命技能虚拟仿真培训品牌下的培训项目，并且从中得到正向的情绪。品牌的持续推广除了单向灌输品牌理念与品牌支撑学习项目之外，还应当高度重视在持续推广的过程当中的互动，挖掘员工需求，帮助用户建立正面的培训情绪，大大地提升用户对品牌的熟知度。

唯有不断深入员工的实际需求，与不同层次的员工群体进行持续不断的交流互动，了解员工的培训情绪，不断修正品牌运营的重点，才能保证员工的活跃度，真正成为深受员工认可与信任的培训品牌。

从总体上来说，持续营销必须要坚持以下三个方面：

第一，坚持以内容为本，持续输出精品。基于平台内容运营规则与机制，定期或者不定期地筛选出具有较强吸引力的精品内容，进行编辑与整理后二次传播，引发聚点式传播。这一举措不仅可以有效地帮助平台树立专业权威性且十分鲜明的品牌标签，而且还能够通过高质量的精品内容，吸引新用户，回流老用户。

第二，坚持关注用户需求，持续迭代培训品牌。持续关注员工的实际需求，是培训企业开展培训品牌营销需要重点思考的方面。持续关注用户的实际需求，有助于促进用户与企业之间进一步加深关系。比如，培训企业在吸引员工前来参加培训项目或者购买培训课程的时候，会持续关注员工的实际需求。从最初的员工咨询，到员工签单，再到员工付款，直至最后员工参与培训的整个流程中，都会关注员工的需求点，从而保证员工可以更加便利地参与培训活动或者完成培训活动，提高员工的培训体验，加深员工的体验感知，提升员工的黏性。

第三，推行个性化匹配，提高用户活跃度。PC 时代主导的是查询，也就是人找产品、信息的模式。移动与 AI 时代，主导的是智能分发、智能推荐，也就是所谓的个性化匹配，是产品、信息找人的模式。能实现电网保命技能虚拟仿真培训一对一、个人化的精准匹配，也是促活的一种形式。系统通过学员日常使用习惯的数据统计分析，为学员在后台打上标签，学员在使用电网保命技能虚拟仿真培训系统的时候接收到的课程推送是与自己工作场景、学习需求、技能提升相匹配的。就像头条智能匹配了资讯与人，抖音匹配了短视频与人，流利说匹配了口语学习模式与人等，都有助于提高用户的活跃度。

第六章　企业未来数字化培训的思考与展望

数字化正在引领企业做出根本性的创新发展，数字化也成为企业革新蜕变的重要契机。快速数字化转型的时机已经到来，作为数字化基石的云服务平台、智能设备、大数据等技术已经发展成熟，能够真正用于建设资产全生命周期管理、优化电力生态链、衍生服务市场客户的电网创新产品。

企业培训数字化的现阶段数字化转型的问题主要集中在两个方面：一部分只注重成果，希望数字化转型一站式地解决企业所有矛盾，却将前期自我洞察、产品选型、实施规划等环节“简单化”；另一部分则将数字化转型想象得过于“复杂化”，因而迟迟不愿意尝试和行动。

第一节

数字化转型未来的路径

企业培训数字化转型的核心本质是利用数字化技术“复制、链接、模拟、反馈”的优势，通过将培训业务数字化，实现设备和方法的转型升级的目的。数字化将作为企业培训高效实用的转型工具，帮助企业规避转型的局限，但企业需要认识到培训数字化转型仍与历史上的大多转型实践一样，具有曲折反复的特点。因此，培训数字化转型时，要回归培训的本质，基于如何实现“降本、增收、提效”等核心目标，思考如何转型，如何升级，如何跨越变革的周期。

一、从采集到应用，提升数字化价值

数字化具有可计算、可复制、可传输的特点，数字化包括数据的采集、传输、存储、计算和应用，将各类复杂多变的信息转变为可以度量的数据，并加以处理。企业培训数字化转型可依托新一代数字技术，将培训运营实施链条的业务流程的物理信息融合起来，形成有价值的培训数字资产。通过计算反馈有效信息，最终赋能到培训提升业务效益的创造价值过程。运用数字化相关技术和工具，推动企业培训转型，将培训数字化价值融合到业务效益增长的价值中，持续提升自身竞争力。

二、认清发展方向，规避盲目转型

企业培训数字化转型的首要工作是在转型之前反思和复盘企业实际情况，通过系统考量自身情况，认清两个问题：企业需要培训数字化转型解决问题的问题是什么？企业实施培训数字化转型的“家底”是否充分？这是企业培

训转型前必须开展的自我洞察行为。自我洞察的内容应分为三方面：

一是梳理企业培训健康状态，包括培训运营、数字化人才状况、人员组织能力、创新实施能力等各方面。

二是评估现有培训数字化基础，评估企业的数字化能力是否符合转型的必备条件，包括现有数字化平台架构、数字化硬件设备、关键实施角色数字化能力、企业已有数据及其存储状态与融合状态等。

三是梳理企业对培训数字化转型的需求，需求的收集范围要覆盖企业的人力资源、研发、测试、生产运维等数字化转型全流程协作的部门，整合分析后进行分类聚焦，明确企业的核心需求，为企业数字化转型提供方向，避免企业盲目转型。

三、聚焦核心目标，渐进式数字化转型

通过自我洞察，企业可以根据自己的实际情况和阶段性目标，先从核心环节入手，渐进式地进行数字化转型。从企业的本质来看，核心追求的目标包括“开源、节流、提效”三个部分。对于大部分企业而言，驱动业务提升是第一需求。企业可以运用数字管理工具进行数据采集、管理和分析，实现精准培训。另外，针对企业的节流和提效需求，可以从企业的痛点和行业特性入手，通过数字化转型实现相应的目标。

第二节 数字化转型的聚焦内容

一、数据主导的核心地位

数据是当代社会的新型生产要素，是生产力高度发展下的产物，做好数字化工作必须坚持以数据为核心。数据更是企业的“血液”，是数字化转型建

设的基础。通过有序建设数据治理体系、数据架构、数据应用分析，做好数据协同，为数字化转型打造坚实基础。

坚持数据入仓，将企业数据归集到统一建设的数据中心，改变以往数据各自为政的局面，扭转数字只为我所有、只为我服务的错误意识。通过归集全网数据，洞察数据规律，大力挖掘数据价值，将营造良好的数据服务生态，为公司的转型和日常经营决策提供数据支撑服务。

二、业务发展与数字化创新深度融合

业务需求迫切增长和新技术不断推陈出新，都是引发企业培训数字化转型的动力，然而转型的最终目的是驱动业务的转型升级，新技术应用是驱动的工具和手段。从业务的角度出发，提出企业数字化转型的步骤和关键点，把转型的成果落实在每一个业务实现上。

同时，把新技术的研究作为培训提升业务水平的重要工具，做好技术创新，为业务注入强大生产力，充分发挥企业数字化的基础能力，开展人工智能、大数据、互联网、物联网等新技术的深度应用。

以人工智能技术应用为例，可以考虑引进成熟的人工智能商业组件进行业务场景应用，如人脸识别技术可用于施工现场的施工人员识别，规避非持证人员上岗风险；还可以采用高精度图像识别技术自动判断输配变领域的设备缺陷，为设备状态检修提供决策支撑；再比如采用循环神经网络来开展电网负荷预测工作，提升电网的安全与稳定；还可以使用账单机器人等人工智能技术应用替代大量重复生产管理流程节点，节省大量人力资源的机械式业务操作。

三、技术架构与应用功能的敏捷迭代

坚持在企业培训数字化转型的总体技术架构下开展行动，即基于南网云，通过管理平台、调度运行平台、数字化实施平台、企业级运营管控平台和企业级信息系统，整合覆盖企业培训、管理、运营的业务应用体系，充分发挥公司互联网的网络效益，建设基于数字化创新技术的平台、数字运营和数字生态，支撑企业的数字化建设、运行和管控，提高企业数字化运营管控水平与决策能力。总体架构具有长期远瞻性，将在中长期指导数字化建设。

技术架构应保持中长期持续稳定，并不断丰富作为上层各类应用的后台基础。在其之上，强化创新型功能应用的迅速迭代，以此适应变化迅速的业务需求。容许试错，做到短平快的功能实现，快速高频地响应用户需求，满足用户期望。

第三节

数字化转型的机制保障

数字化正在引领企业培训的本质性创新发展，是企业培训的转型驱动之一。电力行业实行快速数字化转型的时机已经到来，作为数字化基石的云服务平台、智能设备、大数据等技术已经发展成熟，能够真正用于建设资产全生命周期管理、优化电力生态链、衍生服务市场客户的电网创新产品。电网的数字化转型，还将整合产业价值链，建设形成以电网为中心的生态系统服务圈，从而获得电力供应以外的全新价值来源。

一、组织管理建设，保障组织活力

数字化转型建设需要有强有力的组织保障，在以公司网络安全和数字化转型建设的驱动下，需要按照职责分工，以数字化部为牵头部门，联合相关部门共同开展，做好整体的组织策划，形成公司一致数字化转型的合力。

二、企业文化建设，维持良好氛围

培育公司数字化转型的企业文化氛围，引入创新文化、变革文化、市场文化，激活每位员工个体的活力，建设人人要创新、人人要变革的企业文化，把“要我搞创新”转变为“我要搞创新”，调动企业的整体工作氛围。倡导协同文化，以主动作为代替“自扫门前雪”的不良作风，打破专业壁垒、技术障碍，可实行不同部门间、不同单位间的轮岗机制，促使协同文化流动起来。推行数字化转型，必将打破“舒适区”，因此需要处理好旧有思想向新数字化思想的转变，做到文化的平稳推行和思维的平稳过渡，不能引发新矛盾。

三、人才建设，保障创新力补给

数字化人才的持续补给是企业数字化转型持续健康发展的关键因素，数字化人才是能将新技术与业务联合起来的跨界人才，该类人才也是市场上的紧俏人才。因此，应当制定明确的数字化人才培育规划，解决数据分析、数据价值挖掘、数字洞察等方面的问题。

同时，促进公司员工的数字化转型，驱动员工数字化技能发展，培养企业内部自主可控的数字化能力。尤其是专业业务部门，设置专职的数字化岗位，搭建业务与技术的桥梁，推动开展业务与技术实现的对话，起到二者充分协同的关键作用。可考虑雇佣高层次技术人员，提供个性化的灵活工作模式，吸纳高阶人才。

第四节

关键方向与预期成果

一、关键方向

推进企业数字化转型与建设，关键路径分为以下三步。

（一）实现全方位的互联

包括设备互联、应用互联、数据互联、业务互联、生态互联等，使企业全业务环节在生产经营全过程中得到普遍链接。通过智能监测终端、射频识别、传感器、智能穿戴、机器人等一系列智能技术设备的敏捷连接和智能管理，采集企业的管理数据、生产数据以及外部数据，通过建立覆盖全生命周期、业务和监测数据贯通的数字化统一模型，将数据全面贯通。物理设备、各类应用及数据、实际业务以及关联生态将全部可以用数据进行表达，各类数据充分融合并自由交互。

（二）数据价值沉淀与数字运营

在全方位互联的基础上，实现数据的全面归集、价值沉淀及再挖掘。数据在公司生产经营领域起着至关重要的作用，是公司各个工作环节不可或缺的因素。数据作为公司的核心资源，已经成为提升管理水平、促进业务增值、拓展产业链和提升核心竞争力的重要驱动力。当前数据中心已经建成，数据量迅猛增长，针对电网数据的海量化、多样化特性，通过数据分析及挖掘技术，从大量数据中寻找规律并挖掘隐藏在数据中有价值的信息，来解释业务对象并为各业务场景提供辅助决策信息，真正做到“用数据表达、用数据管理、用数据创新”。

数据是进行数字运营的基础，必须建立适当的数据绩效指标，以此来向数据治理工作要效益、要进度。成立一支高素质的数字化员工队伍，形成数字运营的中坚力量，培养各级人员的数字化思维并将其根植人心。在数字运营中，还需要坚持业务导向和服务思维，保持业务人员的良好体验过程。

（三）构建数字能源生态

广泛整合产业价值链各环节资源，构建面向政府、设备制造商、能源生产商、配售电商、能源增值服务商、能源终端用户等产业链参与方的各类互联互通平台，倡导电力能源的商品属性及其衍生产品的市场属性，充分挖掘电力从生产、传输、市场流通、消费等环节的新业务，促使电网产业的生态上中下游均得到价值增值。同时，建立以需求为导向、协同发展的电力产业新模式，以数字化推动能源生态系统利益相关方开放合作、互利共生、协作创新，支撑公司向能源生态系统服务商转型。

二、预期成果

建设数字化员工可以作为企业数字化转型的预期成果，体现了在员工与各类设备全方位连接的情境下，以数据为驱动，推动智能设备应用，实现虚拟员工等特色应用，从而有效提升各项工作效率和管理水平。

其一，体现以人为本、以数据为核心的理念，与各类设备、应用建立连接，通过连接员工信息、培训数据、训后技能改善数据等信息，实现员工从训前、训中、训后的全生命周期过程管理，驱动智能培训、智能评估、员工画像等智能应用。

其二，采用数字化技术和智能装备赋能员工，为员工提供人、知识、业务等各类连接，提供智能眼镜、智能头盔、智能手持终端等各种智能装备，如南方电网的巡检机器人、无人机等“虚拟员工”替代员工进行重复度高、危险性大的工作，从而有效加强员工技能水平，在规范员工作业规程的同时，确保员工的作业安全，提升员工的工作效率。

结 语

随着虚拟仿真技术的不断发展与革新，虚拟仿真聚焦身临其境的沉浸体验，强调用户连接交互深度，对人类认识世界、改造世界的方式方法带来重大变革，具有产业潜力大、技术跨度大、应用空间广的发展特点，将会掀起一场对学习、工作、生产有着深远影响的、具有划时代意义的新技术革命。

作为企业培训数字转型的成员，应当保持包容的心态，转变思维方式，积极拥抱未来。技术变革是相对容易的，真正困难的是创新思维、行为方式、组织流程乃至企业文化的不断进化和适配，也是企业培训数字化转型能否成功的关键所在。因此，我们要从企业战略的高度出发，转变、更新、升级传统培训实施与管理的方式、方法，激发数字化创新潜能，提升培训的效率和效能，打造最实用的企业数字化培训，利用创新技术驱动业务持续增长。

参考文献

［1］国网上海市电力公司市区供电公司 . 基层电力企业数字化培训管理[M］. 北京：中国电力出版社，2019.

［2］闫雅馨 . 电力企业员工管理能力培训教材［M］. 北京：中国电力出版社，2008.

［3］张晶 . 电力企业员工通用能力培训教材［M］. 北京：中国电力出版社，2007.

［4］张景霞 . 电力企业新员工职业素养培训教材［M］. 北京：中国电力出版社，2012.

［5］周安春 . 电力企业经营管理能力培训教材［M］. 北京：中国电力出版社，2010.

［6］曹孟州 . 供配电设备运行、维护与检修［M］.2 版 . 北京：中国电力出版社，2011.

［7］杨剑，胡俊睿 . 电力系统安全管理［M］. 北京：化学工业出版社，2017.

［8］中国电力企业联合会技能鉴定与教育培训中心 . 配电自动化运维人员培训考核规范［M］. 成都：水利水电出版社，2020.

［9］国网浙江省电力有限公司 . 配电网标准化设计［M］. 北京：中国电力出版社，2022.

［10］游景玉，吴芳辉 . 论文《仿真支撑系统技术的研究与发展》［M］. 珠海：珠海出版社，1999.

［11］游景玉 . 论仿真技术在知识经济发展中的地位［J］. 系统仿真学报，2001.13（01）：1–5.

[12] 王连英 .Multisim8 仿真设计 [M]. 江西：江西高校出版社，2008.

[13] 朱力恒 . 电子技术仿真实验教学 [M]. 北京：电子工业出版社，2003.

[14] 范爱萍 . 电子电路实验与虚拟技术 [M]. 济南：济南油东科学技术出版社，2002.

[15] 浦娟，陈书锦，叶慧，等 . 虚拟仿真技术在教学中的应用分析 [J]. 课程教学，2021，15（2）：44–45.

[16] 林若波，彭燕标，陈炳文，等 . 虚拟仿真技术在“电力电子技术”课程教学中的应用 [J]. 云南民族大学学报，2013，22（5）：378–381.

[17] 王海，李波 . 虚拟仿真技术在职业教育实践性教学环节中的应用 [J]. 中国职业技术教育，2011，（14）：48–51.

[18] 刘眼 . 基于 Matlab 的“电力电子技术”虚拟实验仿真平台 [J]. 大连大学学报，2004，25（8）：71–74.

[19] 潘湘高 . 基于 Matlab 的电力电子电路建模仿真方法的研究 [J]. 计算机仿真，2003，20（5）：113–115.

[20] 单美贤 . 虚拟实验教学的初步探索 [A]. 第六届全球华人计算机教育应用大全论文集 [C]. 北京，2002.

[21] 徐尤峰，谢汉竹 . 电力企业教学培训体系建设的实践与创新 [J]. 中国电力教育，2008，（4）：29–31.

[22] 武利利，刘建锋 . 浅谈电力企业培训中出现的问题及对策建议 [J]. 中国电力教育，2009，（145）：235–236.

[23] 刘琴，徐拥军 . 企业如何规避员工培训的风险 [J]. 中国培训，2003，（3）：18–22.

[24] 张群 . 基于交互式电力白板教学应用的教师培训 [J]. 中小学信息技术教育，2011，（10）：77–78.

[25] 韩雪 . 虚拟现实技术应用于现代教育技术探析 [J]. 无线互联科技，2011，（10）：69–70.

［26］陈珍．虚拟现实技术的教育应用初探［J］．考试周刊，2009，（37）：204.

［27］陈长虎，王玉田．基于 VRML 的多媒体 CAI 课件的新发展［J］．中国现代教育装备，2006，（12）：130–132.

［28］汤兆平．基于虚拟现实技术的网络动态课件设计与实现［J］．科技管理研究，2010，（17）：188–190.

［29］高文．情境学习的关键特征及其对多媒体教学设计的启示［J］．全球教育展望，1997，（6）：59–62.

［30］张婵清，王超越．信息技术与学科整合的实践策略分析［J］．中国电化教育，2012，（311）：115–118.

［31］何明雄，李兆延．VR 技术在教学中的应用［J］．中国科教创新导刊，2016，（14）：169.

［32］安建强．基于虚拟仿真技术的创新训练研究与实践［J］．实验技术与管理，2015，32（12）：179–182.

［33］王宁．浅谈虚拟仿真技术［J］．大观周刊，2011，（38）：18–19.

［34］周楠．实践共同体理论的三要素对课堂建设的理论意义［J］．现代教育技术，2011，（2）：86–89.

［35］初金良，闫东，陈勇，等．带电作业三维模拟培训及培训管理系统的研究与应用［J］．电子技术与软件工程，2014，（20）：94–95.

［36］解玉翠．仿真技术在电厂培训中的应用和发展［J］．广东科技，2014，（6）：138.

［37］郭志强，高歆光．基于三维动态仿真系统在电站设备、运用及检修管理中的应用［J］．中国电力企业管理，2015，（1）：555–558.

［38］乔卉，龚庆武，江传文．面向电力培训的三维交互仿真平台的设计与实现［J］．电力自动化设备，2013，（6）：157–162.

［39］江伟．虚拟现实技术在电力培训中的应用［J］．中国电力教育，2017，（11）：54–55.

[40] 吕有衷 . 虚拟现实技术在电力系统的应用 [J] . 自动化与仪器仪表，2017，(5)：167–168+171.

[41] 蔡怡挺，陈梦娴，戴文博，陈法玉 . 虚拟现实技术在电力系统培训中的研究及实践价值 [J] . 电力信息与通信技术，2017，15（5）：27–32.

[42] 刚家林 . 虚拟现实技术在电力培训中的应用 [J] . 科技创新导报，2016，13（23）：102+104.

[43] 陈奇朋 . 虚拟现实技术在电力安全培训中的研究与应用 [J] . 湖南大学，2013，(21)：22–24.

[44] 郑彦平，贺钧 . 虚拟现实技术的应用现状及发展 [J] . 信息技术，2005，29（12）：94–95+98.

[45]姜芳芳，龚庆武，等 . 虚拟现实在变电站仿真培训系统中的应用[J]. 高电压技术，2005，31（7）：68–70.

[46] 张文金，许爱军，易丹 . 基于虚拟现实技术的远程教育平台研究与实现 [J] . 计算机系统应用，2007，(8)：23–26.

[47] 高翔，邵开宏，赵瑞娜 . 电网与变电站联合仿真培训系统应用探讨 [J] . 华东电力，2006，34（6）：16–20.

[48] 李奇 . 桌面虚拟现实及其在网络教育中的应用研究 [D] . 上海：华东师范大学，2004.

[49] 刘承波 . 信息时代高等学校教学过程的改革及其运行机制 [D] . 厦门：厦门大学，2002.

[50] 邵鹏 . 网络虚拟实验体系结构研究 [D] . 武汉：华中师范大学，2003.

[51] 钱丽娜 . 三维虚拟学习环境的设计研究 [D] . 上海：上海师范大学，2007.

[52] 李琴 . 基于 Virtools 数字电路实验教学系统的设计与实现 [D] . 成都：电子科技大学，2011.

[53] 刘伟伟 . 互动式多媒体课件的设计与应用研究 [D] . 济南：山东师

范大学，2008.

［54］周喆 . 桌面式三维虚拟学习环境的研究［D］. 沈阳：沈阳师范大学，2012.

［55］刘聃 . 基于虚拟现实技术的 Web 课件的设计与实现［D］. 长沙：湖南师范大学，2008.

［56］申蔚 . 将虚拟现实技术引入教育事业［A］. 第六届全球华人计算机教育应用大全论文集［C］. 北京，2002.